MAUVAISES GRAINES

惡棍植物

關於刺痛、燃燒、致死植物的驚人故事

La surprenante histoire des plantes qui piquent, qui brûlent et qui tuent !

Katia Astafieff

卡蒂亞·阿斯塔菲耶夫——著

林承賢——譯

目次

導 讀

　　自大航海時代起，無數的帝國殖民者、探險家及商人開始探索世界各大陸的豐富資源。除了獵取價值不菲的黃金和礦產，地球各地的珍稀生物和經濟植物也隨著帝國的殖民行動散播到全球各地。臺灣，這個四面環海且位於東亞邊陲的島嶼，歷經了許多殖民帝國的統治。為了增加殖民地的經濟產值以獲得更多利益，帝國政府常在殖民地試驗栽培具有高經濟價值的植物，如引進的巴西橡膠樹、菸草、瓊麻等。

　　回首您身邊的植物，與人都有著深深地羈絆，例如當我們提到屏東的特產時，大多會想到黑珍珠蓮霧、椰子、木瓜，以及近十年來新興的可可樹──巧克力的原料，這些都是引進栽培的（椰子除了在蘭嶼、綠島有原生分布外）。正是這段歷史的緣故，我們有機會接觸到許多飄洋過海的外來

植物，但人們往往對於這些外來植物引進的歷史知之甚少。近年來開始有許多人挖掘過去的這段歷史，像是本土植物作家「胖胖樹」爬梳許多歷史文獻追尋臺灣熱帶植物的引進來源，而透過卡蒂亞‧阿斯塔菲耶夫（Katia Astafieff）的《植物遷徙的非凡冒險》一書，我們得以透過十位探險家的冒險經驗，了解引進與栽培異國植物的精彩故事。然而事實上，深入荒山野地或出海在工業革命前並非易事，單是出海就必須掌握天候與海象，而登陸陌生土地後則可能遭遇瘴氣疫病和與當地人的衝突，更別提後續的馴化過程所需付出的艱辛與努力。

以具有臺灣本土風味的珍珠奶茶來說，這款混搭帛來品很能營造出臺灣本土風格的特色，其中「珍珠」來自於熱帶美洲的樹薯澱粉製成，「茶」則是從大清帝國時期引進栽植的茶樹（雖然臺灣也有本土的臺灣山茶）。但當提及十九世紀的茶業故事時，則是暗地風起雲湧，隱藏著一股即將撼動帝國和帝國之間版圖的風暴。在《植物遷徙的非凡冒險》一書中描述，福鈞像是 007 特務一般，從大清帝國偷取中國山

茶 (Camellia sinensis) 的商業間諜的案例，也是有計謀的「非凡冒險」故事。從這些冒險故事中，阿斯塔菲耶夫在另外一本《惡棍植物》的書中，更是將植物武裝自己的故事化作有趣的手法來描述，像是蕁麻如何引發強烈刺痛而使人對它們敬畏三分。大家可能不熟悉「蕁麻」這個名字，但應該都有聽聞過「咬人貓」或「咬人狗」吧？對於常在山林野外走跳的人來說，被咬人貓或咬人狗「咬到」都是取得野外「冒險勳章」的榮譽，但後果可能是紅腫刺痛一陣子。不過對於碰到在澳洲的咬人狗親戚「金皮樹」來說，就不是那麼容易解決的一件事了。曾聽聞在澳洲唸書的前輩說，曾經有人因為觸碰金皮樹後，過於痛苦而開槍尋短。像這類駭人聽聞的恐怖故事似乎偏離現實，但植物為了防衛自己發展出的策略著實令人讚嘆，從物理性到化學性的防衛，像布滿刺的莖葉、充滿毒素的乳汁，各式各樣的花招都有。當然，把自己武裝像仙人掌一樣，其他人看了也會敬畏三分不敢貿然出手，這也就是備戰的策略呀！

　　我從小就是熱衷於探險的人，無論是登高山與出海蒐集

資料和調查都需要歷經艱辛的歷程才能完成研究的一小部分。在山地研究的旅程中，我們就像是走入叢林的探險家，面對需要提心吊膽的破碎地形，橫渡崩塌坡地、徒手攀岩已經夠艱難了，但往往下一個向上攀爬的手點長著一大叢的咬人貓，或是全身長滿尖刺的阿里山薊。但又能如何呢，只能苦笑想辦法繼續往前。頂多就是不小心被渾身尖刺的藤花椒、黃藤、懸鉤子與菝葜刺傷時，怒罵一陣，再繼續撥開前行吧。所以我很能夠體會《植物遷徙的非凡冒險》的旅程艱辛，身為南島民族的我們，體內總是會充滿對於航海或登山冒險的渴望，只是就像是歷史上的植物學家一樣，除了實地去探險原始的森林環境外，也朝向未知的科學領域前進，更加瞭解這些植物的特性，把故事傳播給更多人知道。

阿斯塔菲耶夫所著的《植物遷徙的非凡冒險》和《惡棍植物》這兩本書，都很適合拿來配著珍珠奶茶，進入一段又一段令人驚奇的植物探險旅程。透過這些故事，我們不僅可以體驗到植物世界的「非凡冒險」，也能更深入了解植物如何透過各種策略進行自我防衛，以及這些策略如何影響和啟

發我們，而且您將會看到一個與以往不同的世界，一個充滿驚奇和令人讚嘆的植物世界。

林政道

嘉義大學生物資源學系副教授、生物多樣性中心主任

自序

　　植物真美妙！我鍾愛植物，或許各位讀者也是。怎麼會有人不喜歡植物呢？美觀、味道怡人、充滿驚喜，植物讓人類的生活充滿愉悅。我們喜歡栽種植物、餽贈植物。植物富有創意，多樣性令人震驚。而且，植物遠遠不僅於此。簡單來說，如果沒有植物，人類根本無法存活。植物產生我們呼吸所需的氧氣、治療我們的活性藥物成分、餐點中的營養素，以及木材、纖維等不可或缺的資源。植物太厲害了，是真正的超級英雄，還能用來建造房屋或船隻、製造藥物或化妝品、為餐點增添味道、編織衣物……植物的功用簡直無法窮盡列舉。除了這些明確的用途外，若沒有植物，我們幾乎無法想像要如何在灰暗的水泥叢林中快樂過活。

　　植物的確通常帶給人類非常正面的形象。不過，我們偶爾也忘記有些壞心眼的植物會刺人、令人發癢，甚至……致

人於死！更別提那些少見的植物：菸草會致癌、古柯令人成癮、甘蔗發酵後令人醉臥沙場。植物並非永遠浪漫無邪，偶爾會化身惡棍、流氓或無賴，真是可惡！植物還懂得利用令人生畏的策略來自衛，甚至對人類下毒。

有些植物產生的毒藥還有致死效果，例如夾竹桃、曼陀羅或法文諢名「殺犬草」的秋水仙。無論是帝王將相的正史或街頭巷議的稗官野史都充滿著著名的毒殺案，譬如古迦太基軍事家漢尼拔服用烏頭和毒參自盡，而莎士比亞的劇本主角哈姆雷特死於天仙子。[1]

以植物為基底的毒品也和世界各地無數人的死因有關：病症、過當劑量、暴力。無論是非法毒品（如古柯、罌粟、大麻）或合法成癮物（如菸草、酒精），植物產生的物質可能為人類帶來悲劇般的後果。

有些植物比較不凶狠，只會令人發癢、刺激人或引發過敏。雖然效果比較不猛烈，但仍讓人傷透腦筋。從大豬草[2]

引發的灼傷，到樺木或豚草引發的嚴重過敏⋯⋯每個人都希
望不需要經歷這些痛苦！致敏植物事實上造成嚴重的公共衛
生問題。據估計，20% 到 25% 的歐洲人對花粉過敏，且預
測 2050 年會達到 50%。氣候變遷和汙染便是這項劇烈增幅
的原因之二。

　　此外，我們也不能忽視外來入侵種的存在。他們通常比
較不會作惡多端（不過也有例外），但會對生物多樣性帶來
劇烈威脅。在大洋洲的島嶼上，外來入侵種是造成生物多樣
性損失的第二大主因，僅次於人類對自然棲息地的破壞。如
果不立即採取行動，未來要擺脫這些物種的成本高得出奇。
我經常以大溪地的米氏野牡丹（*Miconia calvescens*）為例，
這種植物在當地稱作「綠色癌症」，在擴張面積達全島三分
之二後，威脅了半數原生物種的生存。另一個案例則是留尼
旺島上的羽萼懸鉤子。這種植物對當地造成類似的破壞，但
對抗該物種的生物手段似乎正在取得成效。水生外來物種為
環境帶來的影響也不可忽視；舉例來說，布袋蓮便是具高度
侵略性的外來種。人類現在發現布袋蓮纖維的許多妙用，可

用於去汙或用作材料，譬如編織布袋蓮來製作器物或家具，但這並未改變布袋蓮的入侵種本質。

《惡棍植物》這本書看待自然的方式，和法國作家夏多布里昂（François-René de Chateaubriand, 1768-1848）那種天真浪漫的目光相差甚遠。茹毛飲血、啃食獵物的野生動物並不難想像，但富有侵略性、化身惡魔使者的植物彷彿是另一個次元的存在。

當然，植物並沒有善惡。植物只是植物。即便植物會帶來負面影響，也是因為人類的不當使用，或是這些負面效果只會在與人類接觸時產生。至於其他狀況，就僅僅只是人類對這些植物的觀感有誤而已。

另外，有些植物善於玩雙面手法；這些植物可以令我們中毒或致我們於死地，但也能提供抗癌的有效成分，紅豆杉便是這種植物。另有一些植物則善於刺激人類或對人類緊抓不放，同時卻能成為創意的來源，如同人類從牛蒡得到靈

感，發明了魔鬼氈。

雖說這些植物演化出令人生畏的特徵，但目的並非危害人類。這些特徵都是為了適應環境限制而產生，使植物從中獲益。畢竟植物沒有腳，遇到危險時無法逃跑，只能發展出這些「詭計」。

有毒植物產生的物質可以令天敵遠離。這些植物製造出「次級代謝物」。次級代謝物不像初級代謝物可用作營養來源和促進生長，也並非光合作用直接產生的化學物質，而是來自其他化學作用。這些物質不會直接參與植物成長，而是協助植物自衛。這類物質可分成三種化合物：類萜[3]、酚類（及衍生物）和生物鹼。類萜會散發強力的氣味，精油便是類萜的一種。除了人類之外，昆蟲也喜歡類萜的味道。酚類包含單寧。生物鹼則名列植物產生的最「知名」分子之中──尼古丁、嗎啡、古柯鹼或咖啡因都是人盡皆知的生物鹼。雖說這些物質具有高毒性，但也能用於製作藥用分子。

在這本書中，我不會使用「壞植物」來稱呼每個出場的角色。畢竟，我們寧可看到田野中滿滿的紅罌粟，也不想看到人們向大自然傾瀉大量殺蟲劑，不是嗎？

我之所以寫這本書，不是為了用可怕的植物故事來嚇唬各位。相反地，各位很快就會了解，我喜愛的並非只是植物的美觀而已。喜歡大自然，同時也意味著想認識、理解大自然。而理解植物，同時也是對植物的生理、演化和用途感興趣，還有認識植物的故事，以及發現這些植物的植物學家的故事。即便有些植物的確令人厭煩（或置人於險境），但這些植物也同樣美妙。認識植物使用的武器非常迷人。無論這些特質從人類的角度看來是好是壞，植物的確有能耐製造出許多不同的物質，其中更有人類自開天闢地以來都未能破解的謎團。

有些植物的故事驚險刺激、駭人萬分、高潮迭起，令各位不禁起雞皮疙瘩。但各位不該因為這些故事而停止欣賞大自然的美好。我希望各位在認識植物如何透過演化來適應環

境之後，能和我一樣喜歡植物。我想向這些無人喜愛但仍舊美妙的植物致敬。

附帶一提，認識自然或許能救人一命！在 2019 年 5 月的法國南特，一名男子因為食用自家花園的植物而不幸過世。這起命案的凶手是毒水芹[4]，其塊根和野生紅蘿蔔十分相像。雖然這種意外十分罕見，但也顯示認識不同物種有助於避免悲劇發生。雖說「來自自然就是好」等標語蔚為時尚，但自然其實非善非惡，錯誤的認識反而令我們暴露在真正的風險之中。所謂的「傳統」療法也可能變成噩夢。有些網頁會建議人們使用無花果樹的葉子來治療膿包或癤，但這種療法也可能造成嚴重的傷口。雖說無花果的確是種美妙的水果，無花果樹的葉子卻能害人不淺。

此外，如果我在這本書中將洋蔥描述為「搗蛋鬼」、牛蒡「惡名昭彰」或大豬草「宛如惡魔」，都只是為了促進各位的好奇心。洋蔥、大豬草和牛蒡都沒有惡意，只是隨著時間流逝而具備令人驚奇的特性，以便協助它們適應環境。

這些惡名昭彰的植物總是不斷地令人驚訝不已。

Chapter

1
怨嘆花園

　　有些狡黠的植物找到十分有效的方法，讓我們困擾十足。洋蔥令我們流淚、辣椒令我們灼痛，牛蒡總與我們的襪子糾纏不清。這些植物並非故意要戲弄人類，他們只是發展出無情的策略來自保，或是將他們的種子送往遠方。

令人落淚的壞心眼球莖

洋蔥在全世界的菜系都是廣受歡迎的蔬菜和調味料,但也令我們哭得難以自己。這位匪徒究竟是怎麼得逞的?

有一天,我受邀到朋友家裡吃晚餐。令我驚訝的是,主人迎接我時竟然戴著……蛙鏡!他手上還拿著菜刀。我大可快步逃離現場,或質問自己是不是不懂朋友的幽默感。不過,我朋友就只是正在煮晚餐以及……切洋蔥。這種人盡皆知的植物屬於石蒜科,和韭蔥、細香蔥、紅蔥頭、大蒜同屬蔥屬,拉丁學名則是 *Allium cepa*。儘管如此,人們還是不瞭解洋蔥到底是怎麼令人置身如此窘境。

雖然洋蔥數世紀來都是人類味蕾的心頭好,但它刺激淚腺的能力也令人困擾。人類自古典時期開始栽種洋蔥,洋蔥更為不少藝術家帶來靈感。例如,法國作家雷納爾(Jules Renard, 1864-1910)便在 1906 年 9 月 17 日的日記中描寫洋蔥的球莖:「腫脹、大腹便便的洋蔥就像是穿著 36 件背心

的小丑。」

　　那這位惡棍到底是怎麼讓我們淚流不止的？科學家十分嚴肅地看待這個問題。瑞士的洛桑聯邦理工學院曾經在網站上舉辦娛樂性質的民調，來瞭解社會大眾是否知道這個問題的答案。[1] 1% 的填答者選擇了這個荒唐的答案：「因為洋蔥刺激了悲傷的賀爾蒙」，真是充滿創意！60% 的人回答「洋蔥釋放辣椒素」。錯誤答案！辣椒素是從辣椒而來，而非洋蔥。39% 的填答者找到正確的答案：「因為洋蔥含有硫酸的前驅物」。洋蔥自身就是個絕妙的小型化學工廠。只有在遭切開時，它才會讓人哭泣。試想你是一顆洋蔥。如果有把尖刀正要把你切成細塊，你或許會想要自衛，而首先想到的策略一定是逃跑。然而，洋蔥沒有腳、無法逃跑，只好和所有植物一樣採取其他自衛手段。

　　一切都從土壤開始，洋蔥從土壤中擷取並儲存硫化合物。硫化合物便是洋蔥獨特氣味與滋味的來源。這種硫化合物有個可愛的名字：「1- 丙烯基 -1- 半胱氨酸亞碸」，親朋

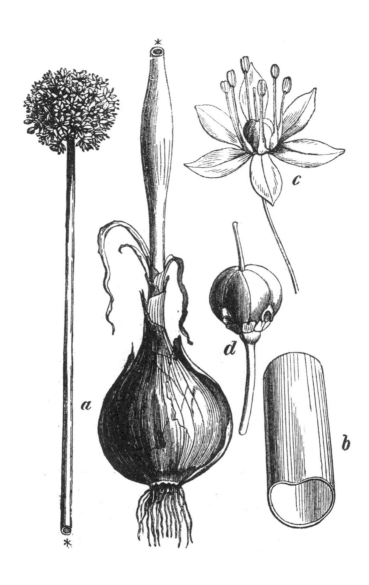

■ 洋蔥（*Allium cepa*）

好友會叫它「1-PRENCSO」。人們切洋蔥時，刀尖會切破細胞，硫化合物便會接觸到名為「蒜氨酸酶」的酵素。洋蔥和大蒜所屬的「蔥亞科」拉丁學名為「Allioideae」，而蒜氨酸酶的法文是「allinase」──這樣你應該看出其中的關聯了吧。硫化合物與蒜氨酸酶的接觸會啟動一連串化學反應，經過第二個取名恰如其分的酵素「催淚因子合成酶」，最終形成具刺激性及揮發性的氣體「丙硫醛 -S- 氧化物」。在大自然中，丙硫醛 -S- 氧化物讓洋蔥免受昆蟲侵害。而在人類的廚房裡，便是這種氣體揮發、接觸我們的眼睛。這還不是全部！丙硫醛 -S- 氧化物接觸眼睛表面的淚液後，便轉化成硫酸。結果立竿見影：我們的眼睛會變紅、落淚。那我們要如何在準備洋蔥料理的同時，避免自己哭成淚人兒呢？沒有什麼奇蹟公式，每個人都有自己的應對方法。

你可以效仿我朋友戴上蛙鏡，想要更謹慎的話還可以戴上滑雪護目鏡。你也可以把洋蔥放進水裡，或是在冰箱放一下。開窗確保通風、在抽油煙機下方切洋蔥，都可以透過風把這些惱人的物質帶走。我建議你千萬不要採納那些天馬行

空的建議，比如咬著紅色端朝外的火柴（當然不是點著的火柴……哈哈）或是吐舌頭。多可笑的想法！如果你不想冒任何風險，建議你選擇冷凍洋蔥、戴上蛙鏡、打開水龍頭並且吐舌頭。要是有人竟敢嘲笑你因為切洋蔥而淚如雨下，你大可回嘴：「管好你自己的洋蔥就好！」[2]

　　你有幻想過不再讓人哭泣的洋蔥嗎？有間美國公司做到了！這間公司花了三十年來研究和選種，創造出保證「零眼淚」的洋蔥「Sunion」，於 2018 年 3 月開始商業化販售。業者保證消費者可以享有「最佳洋蔥體驗」。不知情的人，還以為這是遊樂園廣告呢！這款無淚洋蔥並非基因改造作物，而是配種而來。它非常甜，可以當作爆米花來吃。但是……這樣還是洋蔥嗎？是不是失去洋蔥的獨家特色了？為了滿足我們的欲望，讓洋蔥失去自己的特色，好像變成了一段悲傷的故事……令人想哭？

「辣手摧花」的植物

　　有些植物令人流淚，有些植物則為我們的生活加入辣味，保證我們有來場火熱的冒險。先跟你說，接下來的內容也十分「火辣辣」！

　　有一天，我正在南印度旅遊，來到一間印度小餐館用餐──其實應該說是當地的自助餐。服務生問我喜不喜歡吃辣。我當然喜歡啊！然而，我並不知道印度的「辣」與歐洲的「辣」涵義並不相同。歐洲人的「辣」對印度人來說和甜點一樣甜。桌上的雞肉有著美麗的胭脂紅色澤。我毫不遲疑，大口咬下，想要嚐嚐美味又道地的印度料理。但結果與想像完全不同。我的喉嚨著了火、雙頰紫紅。火焰在舌頭上舞動、眼淚在眼睛裡打轉，我不知道要怎麼撲滅這起口中的火災。汗滴滑過火焰肆虐的雙頰、劇痛將我緊抓不放，火熱的痛楚使我以為自己是火刑柱上的聖女貞德。我的喉嚨從沒經歷過這般痛苦。我撲向拉西優格（印度的發酵奶製品），但折磨並沒有半點減緩。這是我與辣椒的悲慘遭遇，又真實

又猛烈！你可能也曾經咒罵過辣椒，這種植物常常令人「辣到噴火」。有些人甚至遭受更嚴酷的苦痛：辣椒可以用作酷刑的刑具……

這種既能裝飾菜餚，又能焚燒喉嚨的植物到底是何方神聖？辣椒和番茄、茄子一樣是茄科的成員，屬則是辣椒屬──美洲的典型植物。歷史小故事：印第安人從超過九千年前便開始栽種辣椒。而辣椒的官方「發現人」當然是哥倫布。他在今日海地與多明尼加共和國共享的伊斯帕尼奧拉島發現這種植物，並把它帶到歐洲。印第安人將辣椒稱為「axi」或「agi」。哥倫布這麼描述辣椒：「『agi』產量豐富，是當地人的胡椒，而且比黑胡椒更棒。每個人都食用『agi』，這種作物非常健康。」

葡萄牙航海家在大約 1530 年將辣椒從印度的果阿引入歐洲。今天的印度是全世界排名第一的辣椒產地，辣椒更完美融入當地料理，成為你可以享用的盤中美味……如果你不怕風險與苦難的話！

最常見的辣椒為 *Capsicum annuum*，該物種含括無數風味強勁的品種，以及口味甘甜的品種。其中甜味的品種通常稱作「甜椒」（請參閱彩色附錄第 16 頁）。在歐洲今時今日的植物目錄中，我們能找到大約 2,300 種辣椒與甜椒。

　　但為什麼辣椒要這般折磨人類的味蕾？形成辣味的主要分子為「辣椒素」，是一種生物鹼。植物並非偶然合成這種分子，而是為了避免遭到捕食。所有的動物都不喜歡辣豆醬或香辣明蝦，牠們大多數都不樂意為了滿足口腹之欲而大口吃下這種攻擊力滿滿的植物。不過，大自然創造萬物都有其道理，鳥類對辣椒無感，因而可以消化辣椒、將辣椒種子帶到他方。胡椒和薑也有類似的物質，分別是胡椒鹼和薑辣素。

　　這種四處點火鬧事的分子由德國化學家布赫茲（Christian Friedrich Bucholz, 1770-1818）在 1816 年首度發現並提取出來。三十年後，一位叫做忒許（Thresh L. T.）的人合成辣椒素的結晶，並為這種分子命名。1878 年，則輪

到一位匈牙利醫師說明該物質具刺激性，還可以促進胃酸分泌。

數十年後的 1912 年，美國藥理學家史高維爾（Wilbur Scoville, 1865-1942）制定了測量辣度的量表，並以自己的姓氏命名，也就是「史高維爾指標」。該指標的原理並非透過化學方式測量辣椒素含量，而是採取主觀的測試：將乾燥的辣椒溶解到酒精裡，然後用糖水稀釋，接著提供給幾位受測者（通常為五位）。如果受試者持續感受到辣味，就持續稀釋。稀釋的量便是辣度的指標。稀釋的糖水越多，該指標的分數就越高。甜椒的辣椒素含量很少或幾乎為零，分數在 0 到 100 之間。紅椒粉或甜辣椒則在 100 到 500 之間。對北非庫斯庫斯米的愛好者來說，突尼西亞的哈里薩辣醬得分在 550 到 600 之間。塔巴斯科辣椒醬（Tabasco）則在 2,500 到 5,000 之間。卡宴辣椒的出現讓這個排行榜更饒富趣味：它的得分在 30,000 到 50,000 之間。胡椒鹼作為胡椒的辣味來源，得分在 100,000 和 160,000 之間。千萬不可小覷名為「哈瓦那辣椒」的選手。該物種學名為 *Capsicum chinense*，

原產地為墨西哥，法文又將這種辣椒稱為「安地列斯辣椒」或「七鍋辣椒」（只需要一根辣椒，就能增添七鍋料理的辣味）。在史高維爾指標中，哈瓦那辣椒的特定品種可以達到 577,000 分。料理這種辣椒時，必須穿得像是法國的共和國保安隊隊員或示威群眾，務必得戴上手套和口罩，畢竟這種辣椒有著和催淚瓦斯不相上下的效果。在全球最辣辣椒的頒獎臺上，還有一種稱作「斷魂椒」的印度品種，在史高維爾指標取得 100 萬分。斷魂椒曾稱霸金氏世界紀錄一段時間。不過最辣辣椒的競賽從不停歇。「千里達莫魯加毒蠍椒」在 2013 年達到 200 萬分，之後又被得分 220 萬的「卡羅萊納死神」超越。接著，一位威爾斯的園藝家又意外創造了「龍息辣椒」。他原本只是想創造裝飾用的園藝品種，結果卻出平意料地火辣，這絕非誇飾。2017 年起的冠軍得主則是「X 辣椒」，這種辣椒高傲地達到天文數字般的 318 萬分。X 辣椒是種嬌小而可愛的綠色辣椒，卻蘊含著爆炸般的無窮能量！

在結束討論史高維爾指標前，讓我們看看得分最高的物

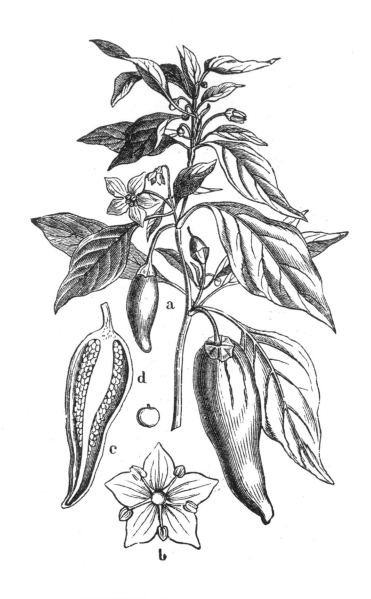

■ 哈瓦那辣椒（*Capsicum chinense*）

質：150 億分的樹脂毒素，比純粹的辣椒素還辣上接近一千倍。這種物質並非從辣椒中萃取而得，而是原產於摩洛哥的大戟科植物「樹脂大戟」（*Euphorbia resinifera*）的乳膠。原產於西非的貝信麒麟（*Euphorbia poissonii*）等大戟科植物也含有這種物質。不過，請注意，這種乳膠不只令人七竅生煙，還有超高腐蝕性！

而如果哈里薩辣醬已經讓你的喉嚨隱隱作痛，就別想嘗試上述任一種辣椒了。但如果這篇文章讓你想對身旁親友來場低劣的惡作劇，我建議你千萬別實行。加州一名 47 歲的男性在吃下一顆漢堡後，因為攝取含有斷魂椒的辣椒醬而遭遇噩耗。[3] 當時他正在參加大胃王比賽，因這種辣椒而劇烈嘔吐，事後發現他的食道有個 2.5 公分的大洞！若非急診、插管和手術，這個洞可能會讓他魂歸西大。這位不幸男子直到 23 天後才能帶著鼻胃管一起回家。

辣椒素也是辣椒噴霧的組成成分之一，法國警方經常在示威遊行中使用。辣椒噴霧也可以用來對抗熊——在加拿大

散步時可能很有用。不過，請務必謹慎小心。分享一則小故事：2018 年 12 月，因為機器人不小心打破一小罐防熊噴霧，知名物流公司有 24 名員工住進了醫院。

辣椒素如何作用？它會刺激細胞受體，由後者活化 VRL-1 蛋白質（「VR」的意思是「類香草素受體」，因為辣椒素和從香草萃取而得的香草精一樣，同屬稱為「類香草素」的分子分類。很驚人吧，畢竟香甜的香草似乎和辣椒八竿子打不著關係）。整個過程發生在覆滿舌乳頭的口腔中。舌乳頭中含有味蕾，而味蕾含有與大腦連結的味覺細胞。辣椒素活化味覺細胞的受體，有點像是用鑰匙開鎖，向大腦傳送「啊！著火了！」的訊息。因而，辣椒素並非造成灼痛的犯人，而是灼痛的感覺。這個差別看似微小，卻造就了讓人類相信自己受傷的神奇魔法。

那麼，前面提到那位吃了強力辣椒的不幸男子，最後為什麼會導致食道穿孔呢？在我不斷閱讀無數可靠的科學資訊網站和報章雜誌後，這則資訊應該不是真的，或至少並不完

整。辣椒和這位男士的不幸無關，他其實是「布爾哈夫症候群」的受害者。他在傻瓜般的大胃王比賽中快速攝入漢堡與酒精，不論漢堡中有沒有辣椒，結果都會相同。在他過量攝取食物造成大量嘔吐後，食道便破了洞。我可以選擇不和你提及這則假新聞，但我想藉此提醒你辣椒並沒有那麼危險（以及閱讀資訊時要分外小心）。另外，2018 年有個特殊案例登上了報紙頭條：一位美國人在食用「卡羅萊納死神」之後，遭受短暫而極端劇烈的偏頭痛。[4] 醫生檢查後，發現這個案例得了可逆性腦血管收縮症候群（大腦血管收縮）。這個案例看起來十分嚴重，但只是獨特的罕見個案。

　　無論如何，如果你食用了稍微過辣的辣椒，導致口腔像是失火一樣，喝下大量水分並沒有用。辣椒素具疏水性，並不溶於水。喝奶或喝油比較有用。再給你另一個建議：料理辣椒之後務必認真洗手，且避免搓揉眼睛。

　　我們已經討論了辣椒屬的植物如何透過火辣辣的分子來避免其他物種攝食，它們的目的並不是讓人類開那些火熱的

玩笑，動物也不會食用這些精於自衛的蔬果。不過，最近有中國學者驚訝地發現，有種名為「樹鼩」的小型哺乳類具有一種防衛機制，令牠們得以食用這些植物。[5] 這種哺乳類生活在東南亞，但辣椒來自美洲。經過基因分析後，學者的結論指出，樹鼩經過基因突變，牠們的辣椒素受體已經不會再活化。由於樹鼩生活的區域並非辣椒的原產地，學者推測這項突變應該是為了適應胡椒科植物蕁葉蒟（Piper boehmeriifolium）——這種胡椒具有和辣椒素類似的作用。樹鼩的基因突變使他們可以攝取的食物種類更多元，進而增加生存機會。

　　快樂和痛苦偶爾會是一體兩面，而辣椒也不僅是痛苦的來源，同時也是快樂的來源。不過，人們會問，快樂和痛苦怎麼能兼容並蓄呢？事實上，當大腦感受到痛苦時，會分泌腦內啡。腦內啡是一種與嗎啡類似的分子，可以抑制痛苦、促進幸福感。該分子由下視丘和腦下垂體之間的複雜作用分泌，並固定在用於回應痛苦感受的受體之上。尤其在人體運動時，身體也會分泌腦內啡。腦內啡又被稱為「幸福賀爾

蒙」。

辣椒為平淡無奇的菜餚增色。最近人們也發現它有其他
功效。辣椒尤其對心臟特別有益，可以降低心臟病發和腦血
管意外的機率。2017 年的一項美國研究也指出，經常食用
辣椒可以降低死亡率達 13%。[6] 在這項研究之前，2015 年
發表的另一項中國研究則指出，經常食用辣味食品和長壽有
正向關聯。[7]

辣椒也具有抗炎、抗氧化、抗菌等特性。辣椒素也用於
止痛藥物，還能對抗癌細胞。甚至有人提出將辣椒素用於治
療慢性鼻炎的噴劑，但效果尚有待證實。[8]

不過，奇蹟般的藥方從不存在。因而，在大口吞下超強
力辣椒之前，還是得請你先去詢問醫生的意見！

| 黏答答，趕也趕不走！|

有些植物真的很煩人。就算我們再怎麼小心翼翼地在大自然裡漫步，他們一定會貼上來，向水蛭一樣死黏著我們！

你可能認識一種名叫「豬殃殃」的植物。這種植物在法文又被叫做「黏人的豬殃殃」、「刮舌草」，甚至「宰舌草」。這種惡名昭彰的植物非常深情，只要它黏上來，我們就很難擺脫它！英文也將這種植物稱為「紳士折磨者」、「黏人的威廉」，或比較好聽的「愛人」。但究竟有誰想要這種如膠似漆、難捨難分、決不讓我們清靜的愛人呢？為了不放過我們，豬殃殃的莖和葉都有著倒生的小刺，能夠緊緊抓住所有路過的人。

空地和路邊常見的牛蒡則是另一種黏人的植物。牛蒡屬於菊科的牛蒡屬。牛蒡屬的拉丁文為「*Arctium*」，詞源來自希臘文的「*arktos*」——意思是「熊」。牛蒡屬中最有名的物種就是牛蒡（*Arctium lappa*，請參閱彩色附錄第 1 頁）。

牛蒡也有一些形象較為可人的暱稱，例如「頭癬草」、「巨人之耳」、「夾臀草」、「肉塊棒」，以及其中最為可人的「劣女梳」。牛蒡的法文是「*bardane*」，詞源眾說紛紜。

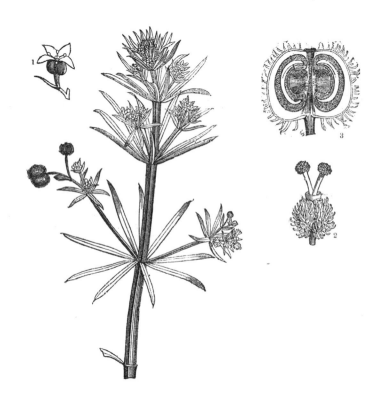

■ 豬殃殃（*Gallium aparine*）

該詞原本描述大片的葉子，來自義大利文的「*barda*」，意思是馬毯。另一個可能的來源則是拉丁文「*bardane*」。這個詞是「*dardana*」（綁在尖刺上）的同義詞，但受到「*barba*」（芒刺）的影響而改變拼字。如此一來，我們就能看出來這株植物充滿尖刺！

牛蒡因為過於「熱情」地黏人而聞名。牛蒡的花會依稱作「頭狀」花序的組成形式來生長，而頭狀花又被苞片（花朵的一部分，呈葉片形狀）組成的王冠包圍。果實成熟時，苞片的尖端會蜷曲成倒鉤狀。牛蒡也會附著在動物身上。因而，和寵物一起散步回來後，你便可以享受為寵物狗或寵物貓梳毛的時光。可能得花上數小時梳毛，才能幫毛茸茸的寵物去除緊抓毛髮不放的這些不速之客。

我似乎加油添醋了。但我非常著迷於植物為了散播種子而發展出的各種神乎其技。這些惱人的植物黏人黏得如此如膠似漆，但它們的目的並非打擾他人——聽起來很假嗎？它們只是需要搭趟順風車，或是「傳播載體」，以便傳播它們

■ 牛蒡（*Arctium lappa*）

的種子，或甚至和牛蒡一樣傳播整個果實。「載體」可以是
風（風力傳播）、水（水力傳播）或動物。如果種子透過動
物攝食來傳播，便是動物咬食傳播。「透過腸道運輸來旅行」

或許好聽得多。例如，動物吃了一顆果實，其中的種子過一陣子便從消化道的另一端排出。種子也可能透過動物身體來傳播，不論是自願（松鼠囤積榛果）或非自願（植物附著在動物的毛髮上）。

動物咬食傳播的情況下，動物和植物處於互惠關係（動物找到食物，植物可以傳播種子）。但如果是動物身體傳播，就只有植物受惠。動物並不一定感到困擾，這些植物對動物造成的困擾微乎其微。人類偶爾也會擔當傳播載體，而且效果十分卓著：長久以來，人類四處運送種子，有時為了充實花園的物種而自願擔任這個角色，有時則並非出於自願。牛蒡當然是人類自願採摘而傳播的，看看那些把牛蒡當成彈丸在玩的頑皮孩童！

不過，今天的牛蒡也因為成為某項發明的靈感來源而聞名。1941 年，瑞士發明家德梅斯塔（George de Mestral, 1907-1990）與愛犬一同漫步於法國、德國、瑞士三國交界的侏羅山大自然中，準備展開狩獵之旅。德梅斯塔充滿創

意，平日便喜歡修修補補。1919 年，12 歲的他發明了用料較少的紙飛機，取得生平第一份專利。他注意到自己的寵物渾身覆滿牛蒡的冠狀花朵，每朵花都緊抓著狗的毛髮不放。他將人人嫌惡的花朵放到顯微鏡下觀察，得知這些種子為什麼具備難纏不已的黏人功力：枝幹硬挺，卻具備著柔韌的倒鉤……此時，他靈光乍現──是不是可以模仿這種果實，製造出全新的黏貼工具？許多想法看似簡單，但得先想到才行！德梅斯塔花了將近十五年的時間，製作出創新的固定工具。他在 1951 年取得瑞士專利，並在 1952 年取得其他國家的專利，接著便創辦了至今仍十分知名的公司：維可牢（譯註：此為魔鬼氈的發明公司）！維可牢的原文是「Velcro」，「vel」代表天鵝絨（法文：velour），「cro」代表鉤子（法文：crochet）。魔鬼氈目前廣泛應用於服飾、鞋子等日常生活各層面，美國太空總署在太空梭中也使用魔鬼氈來黏貼物品。魔鬼氈由尼龍製成，尼龍同時具有柔韌與堅固的特性。1961 年的一則瑞士報導這樣稱讚魔鬼氈：「它可以固定窗簾、畫作，也可以固定胸罩和緊身衣。要固定或要解開都十分容易，跟香蕉皮一樣。」太神奇了！這項發明太過創新，

影集《星艦迷航記》曾認為魔鬼氈一定是外星人發明的。

在今天的西方國家，「維可牢」仍然是魔鬼氈的代稱，進入人們日常對話之中，和法文仍使用「frigo」稱呼冰箱一樣（譯註：Frigo 一詞來自第一個將冰箱商業化的品牌「富及第」〔Frigidaire〕）。「維可牢」不只是日常生活中的用品，也是一個商標，就跟黏起來的魔鬼氈一樣密不可分。

植物可以成為靈感來源，牛蒡就是個絕佳範例。

除了緊抓不放的特性啟發了發明家之外，牛蒡還有許多其他優勢，尤其是藥性。其中最知名的事蹟，便是協助法國國王亨利三世戰勝梅毒。如果你不幸罹患這種疾病，別忘了牛蒡！牛蒡還可以治療癤子。它對皮膚也很好，可以用來治療痤瘡和溼疹，或者用牛蒡根部來預防禿頭。

德國有一項風俗，會用經過祝聖的牛蒡花束來裝飾母牛的尾巴，然後將母牛帶到公牛身邊……不，這不是為了祈求

六畜興旺（請不要這樣嘗試），而是為了保護牛隻免於巫術的侵擾。最後，牛蒡也有不少營養價值。戰爭期間，烤牛蒡也可用來取代咖啡。牛蒡嫩芽可以製作沙拉，牛蒡根部則可以當作婆羅門參來料理。

牛蒡雖然令人生厭，但卻是有著兩把刷子的神奇植物！

｜臭味難聞的巨大花卉｜

有些植物會讓我們想起衣物上黏滿花朵或葉片的記憶，有些植物則能令我們有完全不同的感受：並不是每種植物聞起來都跟玫瑰花一樣。沒錯，有些植物甚至會散發臭烘烘的氣味。臭春黃菊（*Anthemis cotula*，法文又稱「臭洋甘菊」）便因惡臭而聞名。這種花可見於法國田野、歐洲其他地區、亞洲和北非。雖然味道不好聞，但臭春黃菊的外觀仍使它擠身鄉間的可人兒行列。此外，臭春黃菊雖為歐洲原生種，但

也已經入侵澳洲和紐西蘭。這是場臭名遠揚的遠征！

　　不同物種散發的氣味皆不同。掌葉蘋婆（*Sterculia foetida*）在法文稱作「臭蘋婆」，簡直是名符其實（請參閱

■ 臭春黃菊（*Anthemis cotula*）

彩色附錄第 2 頁）。法文也將掌葉蘋婆暱稱為「大便樹」，
馬約特島甚至還稱呼這種植物為「狗屎樹」，真是魅力無法
擋。掌葉蘋婆原生於亞洲和大洋洲。不論臭味，其實還是株
美妙的植物！

■ 掌葉蘋婆（*Sterculia foetida*）

如果植物散發臭味，並不代表它故意要讓人類心生厭惡。同樣，如果植物散發芳香，也不代表它故意要取悅人類。此外，這其實是視角的問題：我從未詢問蒼蠅對不同植物氣味的感想。但如果昆蟲會說話，相信我們會得到完全不同的答案。

　　事實上，植物之所以散發氣味，是為了吸引散播種子的載體，或是為了遠離天敵。

　　另外，植物之所以產生油，其實也是種防衛手段。譬如說，百里香的味道就是為了遭到啃食之前，趕快把獵食者趕走。甘藍或芥末等十字花科植物則會生產稱作「硫代葡萄糖苷」的分子，避免遭受毛毛蟲的啃咬。

　　相反地，散發芳香的植物，目標則是要吸引散播種子的動物。這些動物受花香吸引，前來採蜜並裹滿花粉。花粉裝載著精細胞，當動物將雄花的花粉帶到雌花，便是在協助植物繁殖，每種植物搭配的對象動物皆不同。舉例來說，昆蟲

採蜜時，作為運輸花粉的「交換條件」，得到了花朵產出的甘汁玉露。因而，植物和昆蟲事實上是互利共生：植物得以繁殖，昆蟲得到尋覓的資源。雙方各司其職、各取所需。

天南星科的植物味道不好聞，屍臭味經常引來蒼蠅。其中最有名的發臭植物便是「巨花魔芋」（*Amorphophallus titanum*，請參閱彩色附錄第 3 頁）。這種植物具有巨大、可達到 3 公尺高的花序。至於世界上花序最大的棕櫚樹，則是貝葉棕（*Corypha umbraculifera*）。巨花魔芋是蘇門答臘的原生種生物，散發著腐屍味，吸引協助傳播花粉的一種巨大鞘翅目昆蟲。我將這種植物分類為「令人作噁」的植物。相信我，一聞到這種味道便會食不下嚥。然而，這種植物並未為太多人帶來困擾；相反地，因為該物種十分稀有，已列入國際自然保護聯盟（IUCN）的瀕危物種紅色名錄。巨花魔芋盛開可是植物園的一大盛事！該植物很少開花，而且開花期很短，只有 48 到 72 小時。人們會蜂擁而入、爭相目睹。該物種由義大利植物學家貝卡利（Odoardo Beccari, 1843-1920）在 1878 年發現，並取了這個淺顯易懂的名字。法文

偶爾會將這種植物稱為「巨人的陽具」。

■ 巨花魔芋（*Amorphophallus titanum*）

天南星科還有其他味道不甚怡人的植物，例如法文稱為「臭白菜」的臭菘（*Symplocarpus foetidus*），該植物原產於北美洲（請參閱彩色附錄第 4 頁）。臭菘有種特異功能：它可以在春天將雪融化！換句話說，臭菘會發熱，也就是「產熱」作用。產熱作用在此有多個功能：首先是恆溫，即便外在環境的溫度不斷變化，臭菘仍可以保持固定的溫度達數小時或數天，這其實是對抗寒冷的機制。產熱作用也能確保散發味道的物質可以順利蒸發，進而吸引蒼蠅和鞘翅目昆蟲協助傳播種子。天南星科植物通常在日照微弱的時期開花，發熱使它們得以散發味道。對於米採蜜的昆蟲，發熱也能作為暖氣，讓牠們節省能量。回到這些引人入勝的味道，發熱也能讓植物更像是屍骨未寒……藉此擬態為腐爛中的屍體。

　　這些氣味與眾不同的植物又稱「屍花」。屍花散見於不同植物分類，如前面提到的天南星科，以及大王花科（包括又大又臭、在東南亞發現的大王花；請參閱彩色附錄第 4 頁）和夾竹桃科。夾竹桃科中的犀角屬臭味更甚前述植物。

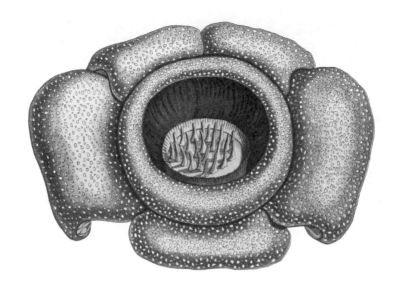

■ 大王花（*Rafflesia arnoldii*）

　　植物之所以散發各式各樣的味道，可說是在演化進程中的殊途同歸。關係甚遠的植物在演化的過程中仍會發展出相同的適應方式，展現類似的特性。

2
危害於皮膚

　　某些植物只要一經接觸，便會引發強烈的皮膚反應，稱之為「植物皮膚炎」。這些植物中，有部分品種可以導致嚴重的傷害，甚至致人於死地。

｜蕁麻吾愛｜

　　夏天！在這個美好的季節裡，我們可以在鄉野間四處奔跑，彷彿是電視劇《草原上的小屋》片尾中的凱利・英格斯一樣，也可以在水邊野餐、在大自然中日晒。不過，這些誘人的活動並非完全沒有風險。

　　「痛！」有誰從沒有因為接觸到蕁麻、痛叫出聲，而使得一場田園散步最終敗興而歸？我經常遇到這種事，相信你們也是。大腿上出現的紅色斑點發癢、作痛，令人惱火不已！異株蕁麻（*Urtica dioica*）學名中的「urtica」便意味著這種植物會讓人起疹子。這種常見的植物可用來煮湯，且飽含礦物質，為什麼會讓人飽受苦難呢？想必你已經注意到，蕁麻的葉子布滿細毛。雖然這些毛只有兩毫米長，卻是貨真價實的防衛武器。若用放大鏡觀察，會發現這些細毛尖端有矽（玻璃的組成成分之一）。一經接觸，尖端便會碎裂——有點像是燈泡尾端碎裂——並向皮膚注入包含數種化學物質的混合物，整個機制十分複雜。首先發生作用的是甲酸，這

也是螞蟻分泌的物質（因而又稱為蟻酸）。如果你曾經拍打紅褐林蟻的蟻巢，你或許會注意到雌蟻向你噴射甲酸。但是甲酸並不是造成這等痛楚的唯一原因，蕁麻的甲酸量甚至不足以引發疼痛。只不過，大自然創造萬事萬物皆經過精密設計，甲酸仍有方法可以真正地危害於人，方法是和其他物質相互作用：組織胺、乙醯膽鹼和血清素。大自然果然十分奧妙！血清素雖然是幸福賀爾蒙之一，卻也可以引發過敏，乙醯膽鹼也一樣。組織胺則可以發癢。另外還有可以延長痛苦的酒石酸和草酸。惡夢般的詭計！

蕁麻的這種防衛機制最初是為了對抗草食動物。不過，牛並不喜歡蕁麻，這套武器的最大受害者反而是人類。

｜世界上最危險的植物｜

不過，和其他真正可惡、令人嚴重起疹子的植物比起

來，蕁麻簡直是天使。事先警告：接下來的段落內容骯髒汙穢，如果你有著敏感的靈魂，請務必謹慎決定是否繼續閱讀。我們將開始討論如何料理令人生畏的蕁麻。

■ 異株蕁麻（*Urtica dioica*）

蕁麻屬於蕁麻科，其中包含 60 屬及將近 3,000 種物種。在溫帶，蕁麻為草本植物。但在熱帶，蕁麻科植物便成為灌木，甚至可能長成 40 公尺高的樹木！凶惡的木蕁麻（*Urtica ferox*）生於紐西蘭，毛利語稱為「ongaonga」，高度達 5 公尺，且令人起疹子的細毛長達 5 毫米（請參閱彩色附錄第 6 頁）。木蕁麻是眉紅蛺蝶（*Vanessa gonerilla*）的家園，對這種美麗的昆蟲多有助益。但如果你想要帶一些紐西蘭紀念品回家，請不要直接以手碰觸木蕁麻的葉片（建議你帶奇異鳥回家就好）。1961 年，一位 34 歲的年輕獵人接觸木蕁麻後不治身亡。[1] 他穿越一片木蕁麻林後，被人發現時已經癱瘓，且有嚴重的呼吸問題。5 小時後，他在醫院過世。

木蕁麻對人類造成的事故或許不多，但對動物造成的不幸事件便十分常見。不幸吃下木蕁麻葉的狗和馬會產生神經問題，併發呼吸困難及痙攣，並在幾個小時後死亡。不過，木蕁麻也有藥性，是毛利人傳統醫學的一種藥材。最近有位不認識木蕁麻的紐西蘭學者偶然在森林中接觸到這種植物，經歷了不少苦痛。[2] 這種植物的效果太「強勁」，使他決

定要做點什麼。於是經過採樣和分析，學界開始研究如何以木蕁麻為原料來製造⋯⋯止痛藥！

蕁麻科中還有另一群原生於澳洲的物種，當地人將它們稱為「刺樹」（Stinging trees）。刺樹屬於火麻樹屬（*Dendrocnide*）[3]，火麻樹屬植物早先列為艾麻屬（*Laportea*），但因為兩屬的差異夠大，因而拆分。

不同物種能引發的痛苦程度不同。曾有人目擊，就連昆士蘭省的士兵都因為遭受過於強烈的疼痛，痛得在地上打滾。[4]

在這些怪物般的植物中，巨大刺樹（*Dendrocnide excelsa*）可達到 30 至 40 公尺高，還能給動物帶來劇烈的疼痛！如果你是森林浴的愛好者，建議你千萬別擁抱這種樹！輕輕碰觸都能帶來可怕的痛楚。刺樹有位名為「金皮樹」（*Dendrocnide moroides*）的灌木親戚，澳洲當地稱為「金皮金皮」[5]（請參閱彩色附錄第 5 頁）。這個稱呼聽起來

相當逗趣，但這種植物卻可以引發難以忍受的劇痛……長達一個月！簡直是場酷刑……若需要接觸這種植物，森林護管員必須穿上的裝備就和要接觸伊波拉病患的護士極為相似。即便戴著口罩和手套觸摸金皮樹，也可能需要送醫。相關案例數百年來層出不窮。

　　一位不幸遭遇這項經歷的美國學生事後表示，當下的感受有如同時遭受電刑及潑灑熱酸。[6] 多可怕……金皮樹被視為世界上最危險的植物之一。馬和狗等動物如果觸碰到金皮樹，也一樣會不幸身亡。1866 年，一位昆士蘭省道路工人記錄下可怕的瞬間：他養的馬在接觸金皮樹後，隨即陷入瘋狂，並在兩小時後死亡。[7] 有位澳洲軍人也描述道，他在第二次世界大戰期間的一場訓練跌進一棵樹裡，之後住院三個星期、經歷無數無效治療，還曾短暫失去理智。同一位軍人也曾看過另一位軍官如廁後使用金皮樹葉作為衛生紙，最後自戕而終。1970 年代，英國軍方投入資源，研究如何將金皮樹用作生化武器。[8] 最近，在 2012 年，有兩位法國觀光客因為碰觸金皮樹而付出了慘痛代價。一位 49 歲男性在

菲律賓的森林中散步，並接觸了火麻樹屬的一種植物。數小時後，他感到手掌疼痛、腳掌觸覺異常。三星期後，他的身體持續發癢，相同的症狀在下肢蔓延。同一時間，另一位正在越南觀光的 33 歲法國男性也碰觸了火麻樹屬植物。他很快便嚴重發癢，不過他受到有效治療：三年後便痊癒了。[9]

對那些與金皮樹距離過近的人來說，壞消息是金皮樹的毒素金皮樹啶（Moroidin）[10] 是種穩定的化學物質，難以分解。即便製成標本一百年後，葉片上的毒素仍然可以發揮作用。葉片上的細毛非常尖細，可以快速深入皮膚，而且幾乎不可能從皮膚中移除。不過，這種毒素卻對部分動物無效。對袋鼠的近親、澳洲有袋類動物紅腿叢林袋鼠（*Thylogale stigmatica*）來說，金皮樹便是令人垂涎三尺的美食，其中飽含氮和鈣等營養素（這也是為什麼人類會攝食蕁麻）。火麻樹屬植物對森林的生物多樣性很重要：這些植物的果實可以餵養鳥類，而鳥類又可以散播火麻樹屬植物的種子。火麻樹屬植物需要大量光照，且不耐風吹。因而，這類植物大多生長在林冠大開的區域，例如老樹傾頹之處，或

風暴肆虐後的角落。

　　特定文化賦予火麻樹屬植物強大的力量，認為這類植物具有魔力。在馬來西亞，刺樹可用來驅趕惡靈。在斐濟群島，刺樹可以用來治療惡魔引發的疾病。

　　兩相比較過後，異株蕁麻其實很和善呢！異株蕁麻刺痛皮膚的確很惱人，但也不應因此拒它於千里之外，畢竟這種植物也因為可以帶來多種好處而聞名。舉例來說，古羅馬詩人奧維德便在《愛的藝術》中提到一種以蕁麻為基底的愛情媚藥。另一位古羅馬作家佩特羅尼烏斯則提到，用蕁麻鞭打積弱不振的男子，便可以令他重振雄風。如果你覺得很有趣，可以嘗試看看，但這些都不是蕁麻成名的原因；蕁麻可作為園藝作物的肥料，而且具有許多藥性。它既可以令男性再造輝煌，也可以利尿及幫助排泄。

　　人們常常以為，人類後來才「重新發現」蕁麻的藥性。事實上幾世紀以來，人類早已知道這種植物的功效。1862

年的一本論著[11]便這樣讚揚蕁麻：「我們很幸運得以為蕁麻沉冤昭雪，它其實對醫藥和農業都有貢獻。」而五十年後，人們卻又得再次為蕁麻「沉冤昭雪」，豈不可笑？

此外，除了湯品之外，蕁麻還有很多料理方式：多菲內餃[12]、果醬、蛋糕、蕁麻煎蛋、煎白魚排佐蕁麻（沒錯！真有這種料理）、焗烤蕁麻牡蠣、瑪芬鬆餅……等等，族繁不及備載。

讓我引用雨果（Victor Hugo, 1802-1885）的詩句[13]作為總結：

我喜歡蜘蛛，我也喜歡蕁麻

因為人們討厭它們

也因為沒有事物可以滿足、萬事萬物卻可以懲罰

它們陰暗的願望

（……）

只要有人給它們不盡美好的一瞥

居高臨下，在黑夜裡

這惡劣的動物與這邪惡的草木

便會低語：這是愛！

| 死亡之樹 |

我無法不與你們分享一種非常非常凶惡的熱帶樹木，這種樹木會分泌一種具極端刺激性的乳膠。如同大多數大戟科的植物，建議你不要碰觸這種樹木分泌的液體乳膠。這種樹稱作「毒番石榴」（*Hippomune mancinella*），是真正凶險的植物（請參閱彩色附錄第 6 頁）。金氏世界紀錄將毒番石榴列為全世界最危險的樹木。你想必已經注意到了，「最佳連環殺手」頭銜爭奪賽已有多名參賽者。與毒番石榴競爭的多名選手中也包含金皮樹 ——前文已經提到的邪惡蕁麻科植物。

毒番石榴的拉丁文屬名開頭為「hippo」，意思是馬；結尾是「mane」，意思是瘋狂。這種樹木會令馬匹發瘋嗎？

沒錯！委內瑞拉人將毒番石榴稱為「死亡之樹」，真是簡單
明瞭……

　　加勒比海的美麗熱帶沙灘或佛羅里達大沼澤邊都能看
見毒番石榴。這種樹木可以長到 10 公尺高。它的果實看起

■ 毒番石榴（*Hippomane mancinella*）

來有些像蘋果，法文俗名「mancenillier」是由西班牙文的蘋果「manzana」而來。這種植物的所有部位都包含乳膠。人類從很久以前就知道毒番石榴的毒性：印第安人將毒番石榴的乳膠用作弓箭尖端的毒藥。最早遭受毒番石榴所害的西方人是大航海時代的探險家——合乎邏輯。庫克船長（James Cook, 1728-1779）的醫生艾莉斯（William Ellis, 1756-1785）曾在紀錄中提到，船員到樹林中尋找木材，結果採下了毒番石榴的枝條。他們接著搓揉眼睛，造成自己失明數日。如果你碰觸到毒番石榴，有可能會失明，而且絕對不是因為這種樹木太光彩耀人！

史上第一個記錄毒番石榴效果的探險家，是西班牙的歷史學家兼旅人奧維耶多（Gonzalo Fernández de Oviedo y Valdés, 1478-1557）。他在 1526 年寫下：

陛下務必認識這種樹木的毒效有多強：若有人在這棵樹的陰影裡睡午覺，起床時頭和眼睛都會脹大，眼皮黏住臉頰。若不幸有露水滴進眼睛，便會失去視力。[14]

大約一個世紀後，艾斯克梅朗（Alexandre-Olivier Exquemelin, 1646-1707）——一位真正的加勒比海盜，因為曾經擔任著名海盜摩根（Henry Morgan）船上的外科醫生而聞名，且曾發表無數與海盜有關的著作——也寫下以下記載：

從歐洲初來乍到的人頻繁地因為這種植物而嚴重中毒。因為它的果實看起來很可口，味道更令人難以抗拒。但若有人真的吃下毒番石榴的果實，我們唯一能做的治療，就是將他綑綁起來，讓他禁食兩到三天。這是場硬仗，他會在受苦的同時不斷哀嚎、身體會紅得有如火焰、舌頭會黑得有如煤炭。如果他不幸吃了太多，我們便幾近束手無策。（⋯⋯）若有人在這種樹木的樹蔭下睡覺，而且有露水滴到身體，馬上就會長出巨大的紅色囊腫。我也曾經經歷這種痛苦。當時我摘下一節毒番石榴的樹枝來驅蟲，我的臉突然開始覺得刺痛。我不舒服了整整三天，一度還以為我會失明。[15]

其他自然史學家也遭遇了相同經歷，例如英國學者蓋茲比（Mark Catesby, 1683-1749）在巴哈馬群島的經歷。旅行

結束後，他出版《卡羅萊納、佛羅里達及巴哈馬島嶼的自然歷史》一書，其中便有張 1743 年繪製的插圖生動地描繪這種令人驚懼的樹木。1726 年，他在這個區域的美麗熱帶沙灘探險，當時還沒有「避稅天堂」這個概念。他親眼目睹安德羅斯島的居民砍伐毒番石榴樹。他寫道：

有毒的乳膠汁液濺灑到我的眼睛，我因此失明兩天，且我的眼睛和臉部都脹大，前 24 小時的刺痛十分劇烈（……）對任何在毒番石榴樹蔭下休息的人來說，它散發的味道都具有毒性……

1776 年，英國日記作者克瑞斯威爾（Nicholas Cresswell, 1750-1804）造訪美洲，並提到有種果實只需 1 顆就可以奪去 20 人的性命。這豈不是完美犯罪的強力武器？不過，你得先說服死對頭跟你一起前往加勒比海，以便不小心吃下這顆毒蘋果……

當地居民都已經認識這種植物了，觀光客則未必。1999 年 [16]，有位英國放射科醫師在安地列斯群島南方、加勒比

海上的托巴哥島度假，在田園詩歌般的椰林海灘度過了美好
時光，直到墜入地獄之中。她在沙灘上撿貝殼時做了個不智
之舉：吃了 1 顆落在海灘上的未知果實，當時這顆果實的兩
側是椰子和不知打哪來的芒果。讀醫學系還是有好處的！據
她描述，果實非常美味，又多汁又甘甜，隨後口腔便開始劇
烈不適。她感覺喉嚨開始變窄，不再能夠吞嚥，同時也感覺
喉嚨彷彿堵住了。有什麼解決辦法呢？她直覺想要喝點東
西。不過，當時的她只能找到鳳梨可樂達雞尾酒！酒精只會
加劇痛苦，似乎只有牛奶可以稍微緩解。居民很訝異竟然有
人想吃下這種惡名昭彰的果實。這位放射科醫師最終康復，
並將這椿驚險刺激的經驗寫進一本醫學期刊中，希望不會再
有人把自己天堂般的旅程轉變成緊急危難。沒錯，即便沒有
海盜，加勒比的海灘也是危險重重。

　　吃下毒番石榴的果實的確令人痛苦不堪，而僅僅輕輕接
觸乳膠也能引發高強度的灼痛。這項機制與蕁麻科植物不
同，蕁麻科植物令人陷入疼痛的物質由葉片上彷彿細針的細
毛注入身體。至於毒番石榴不同部位的乳膠，只要碰到生物

便會開始發揮毒性。

　　乳膠是種液態物質，稠密程度不一，由植物的乳汁管分泌。乳膠的法文是「latex」，意思是「奶狀物質」。當植物受傷，乳膠便會滲出，乾燥後便形成一道保護。部分乳膠含有高毒性物質。人人都知道橡膠樹的乳膠及其多種用途，但我不打算跟你們討論乳膠緊身衣……這離題了！

　　乳膠通常在乳汁管內受壓儲存。若有昆蟲啃咬植物、切斷乳汁管，其中的乳汁便會變成殺蟲武器。在空氣中，乳膠將產生黏性、困住昆蟲。毒番石榴等部分植物的乳膠包含高毒性物質，想危害植物的生物便因而中毒。

　　此外，毒番石榴的果實長得很像蘋果，令人食指大動。不過，每個人都知道偷嚐禁果不會有好下場！如果你真的吃下毒番石榴果實，惡夢於焉降臨。雙脣脹大、舌頭長水泡、喉嚨水腫（妨礙呼吸）。你開始痙攣，或者腹瀉、嘔吐，就算身亡也不足為奇。毒番石榴的所有部位都有毒。單純呼吸

都足以引發鼻炎和支氣管炎。若吃下毒番石榴果實，灼痛會令口腔黏膜成塊狀脫落。早年的西方探險家曾記載美洲原住民透過引用海水來自救。然而，這種治療方式的成效仍有待證實，大多數人仍然建議儘早到急診室報到。

毒番石榴的毒性可以持續很久，簡直是滴水不漏的防衛。1818 年 [17] 的一份自然史期刊記載了布魯塞爾的一場實驗，人類將一把有一百四十年歷史的毒箭插入一隻狗的臀部，這隻可憐的動物很快便一命嗚呼。

如同前述其他植物一樣，毒番石榴之所以分泌有毒物質，是為了自衛及避免成為獵食者的盤中飧。然而，毒番石榴仍然需要其他物種協助散播種子，但很少有動物可以勝任此職。還好，仍然有幾種動物可以協助這種植物，例如將毒番石榴視為美味佳餚的小安德烈斯島鬣蜥。不過，小安德烈斯島鬣蜥十分謹慎，會嚴加挑選新鮮樹葉、花芽與成熟的果實。

惡名昭彰的毒番石榴將無盡的天分用於為非作歹，但它與詩人和作家的巧遇，卻也為這些藝術家帶來靈感。毒番石榴……天殺地讓人文思泉湧！

博物學家達爾文的祖父伊拉斯謨斯・達爾文（Erasmus Darwin, 1731-1802）是名醫生、博物學家和詩人，他 1789 年的一篇詩作提到了這株狠毒又凶惡的樹木 [18]：

當旅人靠上疲倦的頭顱
險惡的毒番石榴便縈繞上青苔之床
準備好黑色毒藥，滑到近處
將凶險的毒液倒入作痛的耳朵

法國作家福婁拜（Gustave Flaubert）也在《包法利夫人》中提到毒番石榴樹。在羅道夫寫給愛瑪的訣別書中，他寫道：「我休息在這種理想的幸福的陰影，彷彿休息在毒番石榴的陰影，並不預計後來的結果。」如果有一天，你的伴侶想帶你到熱帶地區，一起在毒番石榴樹下偷得浮生半日閒，千萬別去！這是陷阱！安地列斯群島當地人傳說，奴隸會將毒番

石榴果實的粉末放進奴隸主的咖啡中，以此報仇洩恨。

　　舉一個近期的例子，在法國作家德維耶（Gérard de Villiers, 1929-2013）的間諜小說《SAS 在加勒比海》[19]中，毒番石榴成為酷刑道具，可以將人綑綁在樹上。德維耶將毒番石榴的毒液描寫為「白酸」。這位可憐人很快便落入險境：「一顆巨大的水泡在他的大腿上開展。他將被人活活消滅、被毒液四分五裂，彷彿浸在泡滿酸液的浴缸中。」

　　最後，在美國小說家卡斯勒（Clive Cussner, 1931-）的《寶藏》一書中──千萬別在搭上長途飛機前讀這本書──毒番石榴成為了毒藥：飛機餐中出現了毒番石榴，以便毒害乘客與機組員。

　　誠心建議：如果你打算在加勒比海度假，千萬別學前面提到的海盜或天真的放射科醫師；記得，千萬別偷嚐禁果！不過，如果你的偵探作品想要有個原創的犯罪工具，別忘了死亡之樹！在極地偵探作品熱潮過後，想不想成為熱帶偵探作品的明日之星呢？

Chapter

3

外來種植物

　外來種又稱「外來入侵物種」，它們非常善於傳播種子。這些征服者對生物多樣性造成威脅，偶爾也會為生態或經濟帶來毀滅性後果。

｜引起水泡的入侵者｜

我居住的城市位於法國洛林地區大城南錫的近郊，城市後方有條小路。有一天，當我和朋友一起散步時，她尖叫道：「看看這株美麗的植物，它超美！而且這裡到處都是，好像一顆巨大的蘿蔔！」沒錯。她看見的植物有大片的葉子、傘狀的花朵，像是一朵朵雨傘。整條人行道都是這種植物。當時，我想要尖叫：「注意！有入侵者！」這些綠色入侵者從外地而來，散播極快。我們沒辦法馬上復原。這些不速之客隱姓埋名地前來，低調地散播，直到有一天，蹦！爆炸般地生長，到處都是！許多狀況下，這時早就為時已晚⋯⋯

你稍後就會知道，這裡講的並非外星人，而是陸地上的生物（偶爾則是海洋生物）。有些很顯而易見，有些則能避開我們的目光——我講的是植物。人們將這些植物稱為「入侵者」，或者更詳盡地稱為「外來入侵物種」（法語縮寫為「EEE」，切勿跟縮寫同樣為「EEE」的歐洲經濟區搞混了）。

有些物種經常得到媒體目光，被稱為「植物害蟲」，甚至是「綠色癌症」。

如果沒有特別關注的話，這些事情聽起來只是奇聞軼事。畢竟植物怎麼可能造成危害呢？然而，這些植物真的很糟糕，會破壞人類的生活，以及他們周遭其他物種的生存。

的確，入侵種植物仍然只是植物。它們不會在早上起床時突然說聲：「我是世界的主宰！我要侵犯你們！」這些植物無意征服他人，也沒有攻擊性，不會因任何事情而遭人究責，畢竟它們沒有任何惡意。即便它們四處生長、損害環境，最主要的凶手當然仍是人類。別緊張，我也不是故意要說我們人類的壞話（至少我沒有大肆加油添醋）。畢竟大多數情況下，有問題的物種並非人類刻意引進，而是不經意間造成的結果，或是不曉得引入這些物種的後果。真正的問題在於，我們要如何應對已知的入侵物種。

在小路邊的美麗物種是知名的大豬草（*Heracleum*

mantegazzianum，請參閱彩色附錄第 7 頁）。它亮麗的外貌
令人印象深刻，的確美豔動人。十九世紀時，大豬草引入歐
洲作為景觀作物。但它在二十世紀初逃離植物園。「大豬
草」的名字來自這種植物的英語名字（Giant Hogweed），
法文名字則是「高加索搖籃」。如法文名字所示，這種植物
來自高加索西部。在英國，人們於 1817 年第一次在花園中
見到這種植物，1828 年則第一次在大自然發現野生大豬草。
直到 1940 年代，大豬草才開始成為入侵種。魁北克晚近才
引入大豬草：1982 年首次栽種，1990 年左右成為入侵種。
在我所住的法國東北部，大豬草啟發了南錫學派的新藝術運
動，因此聞名於世。這種植物其實長久以來廣受歡迎。1998
年，洛林地區的一本刊物甚至向讀者發送大豬草的種子，讓
大豬草在南錫的各個花園中落地生根。

　　美麗的大豬草自此成為外來入侵物種。讓我們回過頭來
看看「外來入侵物種」這個詞彙的意思。這是個複雜的議
題，人們因此互相爭論，不過大自然本來就是這麼複雜。這
個詞可以分為三個部分：首先是「物種」。「物種」指的是

■ 大豬草（*Heracleum mantegazzianum*）

經過生物學家辨別的生物。這本書只談論植物，但動物也可能成為入侵種。「外來」則代表這些物種來自他方。我們講的不是火星，而是另一個國家，甚至同一個國家的不同地區。「外來」是相對的概念。原生於日本的虎杖（*Fallopia japonica*）對日本不是入侵種，對法國或加拿大則是。千屈菜（*Lythrum salicaria*）原生於歐洲，在法國不成問題，卻正在入侵北美洲和澳洲。

最後，「入侵」則很好理解。不過，並非所有外來入侵種都具有威脅性。以蒲公英和蕁麻為例，當他們在花園裡生長時，能為花園增色不少。但他們並非外來種，且生長範圍有限，不會危及當地的生物多樣性。因而，這些植物並不會造成不可挽回的生態後果。

法文稱入侵種為「espèce invasif」，其中「invasif」其實是從英文借來的詞，現在則偏好使用「EEE」（外來入侵物種）來稱呼。國際自然保護聯盟（IUCN）將這個詞定義為：「外來入侵物種意指由人類（刻意或偶然）引入的外來

物種，其生長或擴散威脅當地的生態系統、生物棲息地或當地物種，並造成負面的生態、經濟或衛生影響。」

「外來」是相對「本地」的詞彙。一個物種要從什麼時候才能算是「本地」物種，便引起學界的廣泛爭論。以麗春花和矢車菊為例，這兩種植物原生於中東，隨著農業發展，其種子和進口穀物的種子混在一起，來到歐洲。這些植物已經「歸化」了——融入歐洲的生態系統，成為歐洲風景的一部分。人們將這類植物稱為「舊有歸化植物」，也就是他們在十六世紀前便已經抵達當地（1492 年發現新大陸即全球貿易的開端，因而以十六世紀作為分界）。總結來說，1500年之前抵達當地的外來物種便被視為歸化物種。

外來入侵物種可能是人類無意引入而來。以窄葉黃菀（*Senecio inaequidens*）為例，該物種的瘦果果實附著在羊毛上，隨著紡織業在二十世紀抵達南非。而大豬草則是作為園藝作物刻意引入。

但所有的外來植物都是入侵種嗎？自從人類開始旅行、探索世界，人類便開始帶著不同的物種移動。隨著全球化與商業貿易，跨境旅行的植物也越來越多。無論是園藝或糧食作物，外來植物為我們的花園和文化帶來多樣性，而我們也十分樂見如此。今天的歐洲已經離不開馬鈴薯跟四季豆了，它們帶來的都是正向作用。因為異鄉物種能為本地生活增添色彩，人們不會考慮全面禁止外來物種。在十種引入的物種中，會有一種得以落地生根一段時日，之中又只會有十分之一成功歸化，之中又只會有十分之一成為入侵種。這個三次十分之一的公式顯示，每一千種引入物種中，只會有一種物種成為入侵物種。此規則由英國生物學家威廉森（Mark Williamson）提出。

　　有些在原生地人畜無害的物種，到了他鄉卻變成入侵物種，這是為什麼呢？這些植物無論採用有性或無性生殖，通常具有驚人的繁殖能力。尤其是種子產生數量驚人的大豬草，每株個體都能產生一萬顆種子！

入侵物種的另一個特點，則是能夠在遭受人類活動侵擾的生態區位持續生長。這些生態區位包含荒地、城市裡的空地、路邊、鐵軌旁、人工河岸旁……通常來說，這些遭受侵擾的區位較為敏感脆弱，因而更適合入侵種生長。事實上，這些區位通常缺乏既有作物，所以更有利種子發芽。而外來物種數量繁多、成長快速，便能主宰這些地帶。

　　對外來入侵物種的關注之所以增加，是因為他們對生態系統造成的影響無法輕忽。密集生長的獨活會減少其他植物能接受的光照，使植被日漸貧瘠。部分物種甚至是嚴重公衛問題的起因。同屬獨活屬植物的大豬草便可能引發劇烈的接觸性皮膚炎。

　　有一天，年輕的艾蜜莉跟我述說一場可怕的經驗。數年前的洛林地區，在她的婚禮前夕，她為了用野花來裝飾賓客桌，在大自然裡歡欣地四處蹦跳。她遇見一株美麗、巨大、彷彿巨型蘿蔔的植物。這株植物十分美麗，十分適合用來裝飾。艾蜜莉摘下花束，為美好的日子找到美好的花束令她歡

欣鼓舞……但隔天早上,她開始感到身體不適、皮膚發熱!
她看向鏡子……天啊!她彷彿變了個人:發紅、腫脹,臉上
開始出現水泡。她剛好有時間去看醫生,醫生便解釋她採摘
的其實是大豬草。

　　大豬草所含物質會讓人對光線敏感。碰觸之後,只要接
觸到太陽,或甚至一點點光線,皮膚便會開始發紅或灼痛。
只要接觸到大豬草汁液便會發生這些作用。因為大豬草的汁
液含有稱作「呋喃香豆素」(furanocoumarins)的物質,可
以讓皮膚變得對光線敏感,進而引發三度灼傷、可怕的水泡
及失明。大豬草引發的光照性皮膚炎在春天和夏天比較常
見,因為這些季節的紫外線較強。此外,大豬草汁液在這些
季節含有的呋喃香豆素也比較多。

　　2018 年 8 月,一名 17 歲美國青年在接觸大豬草後,發
生三度灼傷。他在維吉尼亞州的一座小城市當園丁賺取學
費。他遇見一株植物,以為是「害草」,便發憤拔除。隨後,
在接觸陽光後,他便通體發紅。回家淋浴時,更發現胳膊和

臉部的皮膚開始脫落。還不快往醫院衝刺！凶手很快便水落石出，就是我們親愛的大豬草。即便在治療完成後，這位可憐的青年在六個月間必須不見天日，而他的臉持續兩年對光線過敏。[1]

相信你已經了解，儘管大豬草再美麗，接觸的後果卻十分恐怖。法語經常以片語「別將阿嬤推進蕁麻叢」勸戒他人不要過分行事，在此我也建議你不要把阿公推進大豬草叢。大豬草不只是入侵種，還很危險。我們只能建議你儘快將大豬草斬草除根（當然，記得戴手套……）。

對英國搖滾樂團創世紀樂團主唱柯林斯（Phil Collins）的粉絲來說，這位歌手早在 1971 年的〈大豬草的回歸〉一曲中預言了這個情況。雖然人們今天對外來入侵物種相當關注，但柯林斯當年就已經感受到大豬草近乎「所向無敵」。他的歌曲描述這株植物如何引入英國，以及如何逃出人類的花園：

時尚的鄉村紳士栽種野生花園

在花園裡，他們無辜地將大豬草種遍全國

今時今日，除了少數驚嘆於大豬花的美、無知於背後危險的園丁——可說是天真爛漫的大自然愛好者——擁護大豬草的人已經只剩少數。

| 侵略島嶼的美麗雪花 |

對大自然的愛好者和健行者而言，北大西洋上的亞速群島或許是個天堂，飽含田園、火山、海邊的鯨豚、溫泉、清澈的湖泊、原始月桂林等景觀。這裡的森林舉世無雙，別無分號，和歐洲、熱帶地區的森林都不同。這裡的森林由月桂屬的樹木組成，稱作「月桂林」（請參閱彩色附錄第 8 頁）。月桂林只存在於馬卡羅尼西亞群島，也就是亞速群島、馬德拉群島和加那利群島。

我當時是在亞速群島的聖米格爾島欣賞月桂林。聖米格爾島是亞速群島最大的島嶼。雖說是最大……該島的長度只有 65 公里，寬度則在 8 到 15 公里之間。這個小地方沒有什麼可供其他地區欽羨之處。而我也不該在這裡幫聖米格爾島打廣告，畢竟我希望那裡的靜謐可以永久留存。無論如何，亞速群島並非只是北大西洋高壓（譯註：北大西洋高壓在法國稱為亞速高壓）的形成地而已！那裡有非常棒的花園和植物園，還有令人心曠神怡的步道。在這座島嶼的東部，我總算首次穿越月桂林──這裡的氛圍與眾不同。我已經非常習慣法國東北部的山毛櫸林以及法國佛日山脈的冷杉林，因而十分喜愛這道非常不同的風景。我曾到過北方針葉林，那裡的景觀並沒有讓我如此驚豔。月桂林有種獨特的樣貌。不只是因為它們很美麗，更是因為它們很稀有，使其更引人入勝。

不過，我很快便注意到一些缺憾。老月桂樹的樹蔭總是披覆著由同一種植物組成的巨大地毯。整片地面像是被同一種葉子很長的草本植物入侵。我認得這種薑花。

■ 紅絲薑花（*Hedychium gardnerianum*）

　　這是薑科的紅絲薑花（*Hedychium gardnerianum*）。薑
科的特點便是長長的葉子（請參考彩色附錄第 7 頁）。當我
遇見這種植物時，它還沒開花。真可惜，開花的景色一定美

不勝收。不過，紅絲薑花仍然十分亮麗，引人注目。它原生於印度、尼泊爾、錫金和不丹之間的喜馬拉雅山，作為園藝作物引入許多地區。想像一朵甜美又多彩、潔白又散發芳香的花朵，這便是屬名「*Hedychium*」的由來：美麗雪花。多麼詩情畫意！不過，即便紅絲薑花精彩的歷史從此開始，詩意也到此為止！1800 年代開始，正在尼泊爾探險的丹麥植物學家瓦立池（Nathaniel Wallich, 1786-1854）在加德滿都的山谷發現這種植物。之後，植物學家胡克（Joseph Dalton Hooker, 1817-1911）——那位出名的達爾文的好朋友——也在錫金找到了這種植物的芳蹤。1823 年左右，加爾各答和倫敦開始栽種這種植物的樣本。紅絲薑花的拉丁種名用意是紀念嘉德納上校（Edward Gardner，這個姓氏多適合園丁！），他是英國東印度公司派駐加德滿都宮廷的代表。這些住在亞速群島的植物不禁令我們開始神遊他方。這段歷史源流讓我好想鑽進這些探險家的行李箱裡，和他們一起周遊印度。不過這並不是寶萊塢電影，而且也不浪漫。紅絲薑花充滿異國風情和萬般魅力，但散播速度卻比閃電還快。

無論紅絲薑花遭人類引入到哪裡，都會在那個地方演變成災難；島嶼尤其深受其害。不論是亞速群島、留尼旺、夏威夷、南非或紐西蘭，紅絲薑花擴散的速度彷彿是外星人一樣，可以摧毀當地的植物。紅絲薑花名列世界百大入侵物種。在亞速群島，紅絲薑花作為園藝作物於十九世紀中葉引入。它在 1890 年抵達紐西蘭。在夏威夷，紅絲薑花於 1943 年引入，1954 年首次在火山公園中發現擴散達 500 公頃的野生植株。後來，紅絲薑花遍布夏威夷群島的各個島嶼。目前夏威夷每年花費 100 萬美元控制紅絲薑花擴散。紅絲薑花在當地的別名是「卡西利薑」。「卡西利」是當地儀式使用的鳥羽旗幟。紅絲薑花美麗的花朵和羽毛相似，因而獲得這項稱號。

　　紅絲薑花究竟如何征服島嶼？它的種子數量繁多，短距離內可透過水流傳播，也可由鳥類攜帶到遠方。此外，它的根莖也可以繁殖，這些地下的枝幹是紅絲薑花的營養儲備。因而，這種植物可以形成又厚又結實的根莖地毯，厚度偶爾可達 1 公尺，形成非常密集的小樹林。因而，紅絲薑花可以

摧毀地面的植被，阻止原生植物的生長。

　　在破壞島嶼生態的入侵種中，紅絲薑花只是其中一種。島嶼事實上是受到入侵種侵襲最嚴重的地區之一，因為島嶼的生態系統非常獨特，特有種比例相當高。

　　擺脫外來物種這項課題非常複雜。消滅這種薑花屬植物的各種計畫很少宣告成功。若採用割草設備等機械方式，效果不彰，而且經常讓情勢更為惡化。此外，被切開的紅絲薑花莖部反而更為美麗……至於化學手段，顯然對環境並不友善……而且這會需要天文數字般的化學產品，所費不貲。

　　在紐西蘭，這種美麗的植物已經形成真正的災難，人們採用了大量的方法試圖擺脫這種外來物種。在北島，「野薑」的擴張範圍達到 5,000 公頃。它侵害森林、田野、農田、溪流、道路邊緣……因為它們占據了良田美畝，每年對北島的經濟損害達到兩至三百萬歐元。分子研究顯示，入侵能力最強的其實是紅絲薑花與野薑花（*Hedychium coronarium*，

同樣原生於印度）雜交而生的一種凶殘混種。當地啟動了大型的宣傳計畫，標語是「阻止野薑」，受影響的區域廣袤無邊。人們正在著手採取生物學手段。事實上，入侵種很少跟原生地的天敵一起引入異鄉，這便是它們得以無憂生長的原因。研究人員前往這些薑花屬入侵種的原生故鄉錫金，以便挑選這場生物戰役的最佳參戰者。他們在當地找到一種學名為「*Metaprodioctes sp.*」的鞘翅目昆蟲（編註：這是一種椰象鼻蟲科的昆蟲），這種昆蟲可以吃掉薑花的所有部位。另外還有一種學名為「*Merochlorops dimorphus*」的小型蒼蠅。[2] 向野薑宣戰！初步結果似乎很樂觀，讓我們繼續看下去。

美麗的薑花造成不少損害。人類活動（開墾及引入外來種）在全世界造成原生森林面積減少……2%。人們經常提到遭受面積減少之苦的熱帶叢林，但很少提到世界上其他同樣遭受嚴重影響的地區。

萬事萬物都和自然有關。亞速群島特有的鳥類品種聖米格爾紅腹灰雀（*Pyrrhula murina*）便面臨滅絕危機。這種鳥

類是歐洲最可能滅絕的麻雀之一。1960 年代，人們普遍相信該物種已滅絕。聖米格爾紅腹灰雀以 37 種亞速群島特有種植物為食，其中 13 種更是生存必需品。然而，隨著當地林業引入紅絲薑花和日本柳杉，以及其他入侵物種到來，聖米格爾紅腹灰雀覓食變得十分困難。該物種幾近消失。幸好許多針對當地生態系的努力發揮了功效。砍伐日本柳杉、消滅紅絲薑花，以及種種恢復原有生態的行動，不但有益當地原有植物群復原，更讓聖米格爾紅腹灰雀得以繼續生活。該物種目前仍列名國際自然保護聯盟瀕危物種紅色名錄的「易危」名單，但幾年前原本歸類在更危險的「極危」等級。因而，我們不應輕言放棄促進生物多樣性：美麗的雪花……最終也會開始消融！

天鵝絨手套中的鋼鐵手掌

你或許從未聽過「米氏野牡丹」（*Miconia calvescens*）

的芳名，或從未有機會造訪大溪地。在這座波里尼西亞的美麗島嶼上，除了細沙沙灘和大溪地雞蛋花乳霜外，「米氏野牡丹」也住在這裡……並造成恐怖的結果！這種植物入侵了大溪地島三分之二的土地，以及波里尼西亞另一座島嶼茉莉亞的三分之一。在遺世獨立的天堂裡，米氏野牡丹很快便找到自己的生存之道。這種植物名列世界百大外來入侵種名單。[3]

米氏野牡丹屬於大葉野牡丹屬（野牡丹科中成員最多的屬），該屬有將近 2,000 個物種，都來自「新熱帶界」（包含中美洲、南美洲和安地斯群島）。米氏野牡丹是 4 到 12 公尺高的小型樹木，生活在美洲熱帶森林的林下灌木叢（請參閱彩色附錄第 9 頁）。在墨西哥、貝里斯或瓜地馬拉都能找到它的蹤影。它的暗綠葉片又茂盛又長，朝地的另一面則是深紅色。這種葉片十分吸睛美麗，令人難以錯過。

1828 年，法國、瑞士雙國籍的植物學家德康多爾（Alphonse de Candolle, 1806-1893）首次記錄米氏野牡丹。

這種植物的特色在於新生枝幹的星狀細毛。你或許會問為什麼要強調這個訊息，但這個特色非常重要。這些細毛在米氏野牡丹成熟時便會消失，是其拉丁文種名「*calvescens*」的由來——「*calvescens*」的意思是「變成禿頭」，懂得法文的讀者可能會發現這個字和法文的禿頭「calvitie」非常相像。1857 年，米氏野牡丹首次引入歐洲，落戶於布魯塞爾的皇家動物暨園藝植物園。人們在布魯塞爾栽種米氏野牡丹，直到 1907 年，這種植物在歐洲各地的植物園開枝散葉。當時它有許多不同的名稱，例如「*Miconia magnifica*」（壯麗的大葉野牡丹）。在 1967 年，來自墨西哥的米氏野牡丹種子來到邁阿密的費爾柴爾德植物園，首次在美國生根。米氏野牡丹首次成名，是在 1857 年柏林的一場大型園藝節活動。當時，人們將這種植物稱為「天鵝絨樹」。今天也有人將它稱為「天鵝絨手套中的鋼鐵手掌」，畢竟今天的我們已經知道這種植物充滿侵略性。二十世紀，人類也把米氏野牡丹引入熱帶地區的植物園：1950 年代抵達印尼，接著是阿爾及利亞、斯里蘭卡，以及澳洲。

1937 年，米氏野牡丹從斯里蘭卡首次引入大溪地的植物園。不過，這種植物很快便爆炸性成長。1971 年，美國植物學家福斯伯格（Francis Raymond Fosberg, 1908-1993）正在大溪地群島旅遊，寫下「這種大葉野牡丹是大溪地植被的頭號公敵。」事件發生了：米氏野牡丹幫派開始行動了！自此之後，譴責這幫匪徒無止盡擴張的紀錄層出不窮。今天，甚至有人將不斷生長的米氏野牡丹描述為「綠色癌症」。這種植物直接威脅了大約 50 種大溪地原生物種的生存。這些原生物種只能活在米氏野牡丹的陰影下──字面上的意思。不過，米氏野牡丹之所以擁有巨大的葉片，也只是為了要在熱帶森林的林下灌木叢中捕捉十分稀少的陽光。這個策略十分有效：除了確保自己的發展之外，也阻擋其他物種生長。米氏野牡丹的繁殖力相當強，既可以有性生殖（它可以生產數以百萬計的種子），也可以無性生殖（在被砍伐的樹幹上發芽、基因複製、落地生根）。它的種子發芽速度極快，且成長速度非常迅猛，八年間就能達到 12 公尺高。米氏野牡丹也具有高韌性，即便遭毛毛蟲或蝸牛啃食樹葉，這類侵害反而使得無性生殖的速度更加突飛猛進。

米氏野牡丹快速生長的後果十分驚人：生物多樣性降低，甚至因為地面的草本及灌木植物密度降低而導致地面遭受侵蝕。這可能導致大溪地群島的陡坡發生土石流，也可能導致地下水無法持續補注。

　　當地採取許多行動，嘗試將米氏野牡丹逐出大溪地。人們嘗試過化學手段，但會造成汙染。當地經常舉辦拔除米氏野牡丹的活動，召集不少居民一起協助。為了鼓勵參與者，甚至還舉辦了競賽。例如，每個隊伍應該在 25 分鐘內拔除至少 15 公斤的米氏野牡丹。第一名隊伍的獎品：一匹小牛。第二名的獎品：一箱雞腿。面對入侵種，首先要做的事便是提高人們的意識以及防治：不應在自己的花園中栽種外來入侵種植物；健行後要清洗鞋子，避免散播種子。當地人也採用了生物手段：十五年前，當地引入專門寄生大葉野牡丹的真菌「*Colletotrichum gloeosporioides f. miconiae*」。這種真菌會引發炭疽病，造成葉子乾枯、植物壞死。人們將孢子潑灑到目標植物上，確保這種真菌已經完善地散布到大溪地的樹木上。1988 到 2008 年間，這項研究及對抗米氏野牡丹的

跨國專案的總成本大約是 60 萬歐元。這些行動似乎限制了米氏野牡丹在部分地區的擴張，使得原先受到威脅的當地特有物種得到重新呼吸的空間。不過，這種真菌最近也造成一些爭議，菜農和果農指控這種真菌也攻擊了柑橘園。研究人員表示，他們引入的真菌只會影響大葉野牡丹，而當地的檸檬和柑橘其實是受到另一種物種所害。但無論是不是針對米氏野牡丹，這類生物手段執行前都需要經過大量研究。已經有其他地區的案例顯示，用來驅逐外來入侵種的外來物種，自己也可能變成新的外來入侵物種。

如果我們無法消滅米氏野牡丹，或許應該要找出這種植物的別種用途。這不失為一個好方法，畢竟我們已經有了無數米氏野牡丹可供使用。在 2018 年的「合作松」創新競賽中，一支叫做「入侵種解決方案」的波里尼西亞隊伍獲得了環境獎。他們使用一種全新的材料來製作容器——米氏野牡丹！他們用米氏野牡丹創造了一系列可生物分解的餐具。這項創意一方面可以擺脫塑膠器皿，另一方面則可以將外來入侵種化為己用。

最後，研究人口移動也是控制及最小化入侵種影響的方式之一，尤其是要告知以及解釋入侵種造成的危害。

　　生態學是門複雜的科學。有些人會忽略外來入侵種帶來的嚴重影響，以為大自然自己會調節內部的紛紛擾擾。他們對氣候變遷的看法也相同：認為人類什麼都不用做，不同物種自然會適應新的氣候。這並非完全錯誤，只不過，人類之所以保護大自然，也是為了保護自己。為了享受大自然景觀而非水泥叢林、為了替想要永保安康的人類在大自然中找到所需的藥材、為了在大自然中找到可以食用或營利的資源……大自然對人類有多種用處，因而我們必須保護生物多樣性。這邊說的「用處」，包括生態、遊憩等。換個角度，人類又為大自然提供什麼用處呢？管理大自然並非只有使用自然資源，也包括幫助大自然，比如確保不同物種都能在自然中悠然得樂。我敢和各位說，大自然並不需要我們。只是人類已然是大自然的一部分，甚至還是天字第一號的入侵物種。

每個人的觀點或許有所不同。我想和各位分享鱈場蟹的例子。這個物種在引入巴倫支海之後造成當地的生態浩劫，但同時也為漁夫帶來無盡財源！不過，即便鱈場蟹頂著「紅金」光環，當地仍對漁民制定了限額——因為這個物種在這片新家沒有天敵，捕捉又有限，導致牠們得以自由繁殖。鱈場蟹真的為人類帶來好處嗎？即便與動植物有關，人們仍然經常只提到收益，而沒有顧及生態。

　　偶爾也有人因為外來入侵物種的美觀價值而為其辯護。大豬草的確十分美麗。喜馬拉雅鳳仙花（*Impatiens glandulifera*）密集栽種時，桃紅色的花海也非常亮眼。法文暱稱「蝴蝶樹」的大葉醉魚草（*Buddleja davidii*）也很吸睛，還能吸引鱗翅目昆蟲（也就是蝴蝶）！如果人們沒看過這些植物，或許相關爭議就不會引人注目。畢竟，這些都是比較美觀的入侵種，比有些被認為又小又醜的本地物種還美麗。這個邏輯豈不可笑？人類是依哪種標準來決定一個物種比另一個物種美麗？

強調物種的經濟或美觀價值，如果造成對其他物種的傷害，或許只會顯得人類偏愛某些物種，並造成更多問題。美感非常主觀：有些嬌小、不那麼吸引目光的植物其實也很美麗，只是其他身材高大的植物搶去了丰采。事實上，每個物種在既有的生態系統中都有自己的地位。與只有一個物種占去所有空間的環境相比，當然是由無數物種組成的豐富環境更值得人們觀察。

　　外來入侵種牽涉的議題範圍廣泛又複雜，並非只涉及生態領域，還和公共衛生、經濟相關。物種和商品一樣四處流通，並由生態系統調和。我希望大自然不會變得整齊劃一。人類需要的是多樣化、精彩、豐富且多采多姿的環境，讓人類得以在其中怡然休憩。

Chapter
4
哈啾！

　　每年有數千人受花粉症所苦。這個情況並不會改善。
過敏已經成為公共衛生領域中十分關鍵的重要議題。

令人噴嚏不止的美洲移民

　　接下來要介紹的植物，在惹人厭排行榜中名列前茅。豚草（*Ambrosia artemisiifolia L.*）得天獨厚，同時兼具外來種和強力過敏原的身分（請參閱彩色附錄第 10 頁）。雙重惡夢！豚草原生於北美洲，在十九世紀和二十世紀初意外引入歐洲。在法國，豚草於 1863 年首次出現於阿列省，目前廣泛分布於隆河－阿爾卑斯大區 [1]，造就了當地的紙手帕產業。

　　不過，來自美洲的豚草並不只讓隆河－阿爾卑斯大區的居民噴嚏連連，畢竟它已經擴張到歐洲各處。這種植物在 1860 年代初也抵達了德國和英格蘭。它在義大利和東歐——巴爾幹半島、匈牙利、烏克蘭和俄羅斯南部——造成的問題特別嚴峻，同時也正在英國逐漸擴散。1930 年，豚草引入中國，自此擴及 14 個省分。同一年，澳洲也首次發現豚草。真是位名不虛傳的旅行家！

■ 豚草（*Ambrosia artemisiifolia*）

豚草首次進入歐洲，和從美國賓州引入莢果有關，尤其是紅菽草（*Trifolium pratense*）。賓州當時有大量來自德國的農民，他們自然便將這種草料出口到歐洲。真是謝謝他們！當時他們並不知道紅菽草堆裡攪和了一位不速之客，日後這位不速之客還成為史上最惡名昭彰的外來入侵物種之一！

　　此時在美國，逐漸發展的農業也促進豚草擴張。1946年，豚草引發的嚴重鼻炎迫使紐約市議會發起消滅豚草的活動。

　　第一次世界大戰期間，豚草和運往法國軍隊的馬匹飼料一起抵達法國。自阿列省之後，豚草再度入侵法國。因為這種植物在軍事衝突或軍事占領期間擴張，因而法文以古羅馬時代為戰功卓越的將領頒發的禾草環頭冠（拉丁文意為「圍城頭冠」）為典故，將這類植物稱為「圍城」植物。豚草接著藉由其他外力擴散到歐洲各國，如道路施工時的土壤搬運、農業機械、鳥飼料貿易和水流。它更在空地、河邊、路

邊找到舒適的住處，並在工地等空地快速成長。

　　和所有入侵物種一樣，豚草的散播能力驚人。其種子——或說果實（胞果）——透過風力或水力傳播，但最主要的傳播媒介其實是人類。每株豚草可以生產3,000顆種子，真是優異的成績。此外，若要讓這個數字更為驚人，每株豚草可以生產……10億粒花粉！人類並沒有一一數完這一粒粒花粉，但這個數目已接近恆河沙數，足以讓不少人的鼻子默默發癢。豚草在無數國家造成問題。2008年，甚至有一場專門針對豚草的跨國會議在布達佩斯召開。由於強勁的繁殖力，豚草可能會侵襲當地物種的部分特定棲息地，例如高山河流的礫石河岸。不過，人們之所以討厭豚草，主要是因為它對健康的危害。

　　豚草是種一年生草本植物，和雛菊及山金車同屬菊科。法文將豚草稱為「艾葉豚草」，因為豚草的葉子和艾草相像。但不要搞混：北艾（*Artemisia vulgaris*，艾屬的模式種）具有藥性，而表親豚草則只會引發過敏。事實上，豚草雄花釋

放的花粉是高強度的過敏原。迎接這種花粉的歡迎儀式：噴嚏、鼻炎、眼睛發紅膨脹且流淚、呼吸問題，最嚴重的情況下還能引發氣喘發作。

前述症狀都由豚草引發，但法國境內還有其他兩種豚草屬的植物也可以引發過敏：三裂葉豚草（*Ambrosia trifida*）和裸穗豬草（*Ambrosia psilostachya*）。

在法國，接觸到這些豚草屬植物的人群中，有 6% 至 12% 的人對其過敏，奧弗涅－隆河－阿爾卑斯大區便有 60 萬人；魁北克也有 80 萬人，瑞士則有 120 萬人，是全國人口的 20%。在美洲，豚草並非新鮮議題，早在 1930 年豚草就已經被認為是氣喘的主要促發原因之一。匈牙利則是過敏人口比例的紀錄保持國，每 2 人就有 1 人對豚草過敏，豚草已經擴及 90% 的匈牙利領土。

從數字來看，豚草造成的成本金額十分驚人。社會團體「隆河－阿爾卑斯大區健康觀察站」的研究顯示，在 2017

年，因豚草造成的健康支出已經達到了⋯⋯4,100 萬歐元！其中 40% 的支出用於看診、16% 用於藥物，另外 14% 則是暫停工作造成的損失。[2] 據估計，隆河－阿爾卑斯大區有 670 萬人（全大區人口的 86%）曾在足以讓對豚草過敏的人開始發生症狀的花粉量中暴露超過 20 天。至於全歐洲，相關費用則達到 50 億歐元，包括公共衛生支出及農業損失。這些數字十分可觀。

2015 年發表於學術期刊《自然氣候變化》（*Nature Climate Change*）的一篇研究預言道，由於氣候變暖，豚草仍會繼續擴張領地，並且持續往北方前進。豚草花粉在空氣中的密度在 2050 年將是現今的四倍。和所有外來入侵物種一樣，預防比對抗還有效，務必儘早開始行動。

許多針對園丁的訓練正定期舉行，畢竟豚草得在開花前就割除或拔除，所以得先讓園丁認得這種植物。如果在自己的花園裡發現豚草，唯有拔除才是良好公民的標準行動。偶爾會有人舉辦拔除豚草的活動，參與的居民穿著黃色反光背

心和手套，愉快地在路邊拔除豚草。人類也派出羊隻吃下豚草，作為驅逐豚草的生物手段。

豚草是匈牙利頭號外來入侵植物，人們把豚草議題看得非常重要。該國啟動了對抗豚草的行動方案，並賦予國民相關法律義務。為了驅逐豚草，什麼手段都用上了：提高警覺、拔除豚草、割除豚草……法國則在 2017 年 4 月 26 日公告一份法令，規範對抗豚草的全國方針。[3]

隆河－阿爾卑斯大區在 2000 年代頒布一系列地方命令：

為了遏止豚草生長、減少民眾暴露於豚草花粉之中，房屋擁有人、房屋承租人，以及任何有權居住於房屋、不論名目的人，皆負有以下義務：預防豚草發芽；摧毀已經生長的豚草植株。違反本命令者，得以《刑法》規範處置。此外，如果居住者未履行義務，市長得依《領土集體總法典》第 L2212-1 及 L2212-2 條逕行摧毀豚草植株，相關費用由居住者承擔。

為了協調預防及對抗豚草的行動，人們還成立了觀測機構作為全國層級的相關行動協調單位。忘記拔除豚草的屋主最高可處 450 歐元罰鍰，比開車超速還嚴重！然而，無論人類多努力，豚草仍以風馳電掣般的速度持續擴張。豚草特別喜歡向日葵花海。目前尚沒有專門針對豚草的有效除草劑。畢竟，豚草和向日葵同屬菊科，對豚草有效的除草劑，對向日葵也會有效。因而，農夫其實也參與了豚草種子的散播：豚草「汙染」了袋裝向日葵種子，隨著向日葵一同生根發芽。

　　部分國家採取了生物手段。中國、澳洲和義大利北部都引入了一種名為「豬草條紋螢金花蟲」（*Ophraella communa*）的金龜子。這種昆蟲於 1996 年意外引入日本，隨後在 2001 年引入中國、2013 年引入歐洲。在中國，引入這種金龜子的試驗結果似乎很樂觀，米蘭周邊的倫巴底大區也得到一樣的理想結果。和豚草一樣，豬草條紋螢金花蟲來自北美洲，可以在豚草葉上產下 2700 顆卵。

　　然而，實行生物手段並不容易，而且還有風險。目前尚

無證據指出豬草條紋螢金花蟲不會攻擊其他植物，甚或變成新的入侵物種。支持相關做法的研究顯示，這種昆蟲對其他植物的影響微乎其微。許多研究仍在持續進行，探討如何以豬草條紋螢金花蟲緩和豚草的無盡擴張。

｜令鼻孔發癢的日本樹木｜

在日本和其他國家，日本柳杉（*Cryptomeria japonica*）皆因透過大量花粉來攻擊人類而聞名（請參閱彩色附錄第11頁）。建議你，在閱讀本章節剩餘的內容前，務必先準備好衛生紙！

你或許對花粉過敏。如果你沒有過敏，身邊的親朋好友一定有人為「花粉症」所苦——更學術的說法是「過敏性鼻炎」。不是每個人都對花粉過敏，這種過敏是因為免疫系統失調而導致，造成部分人無法容忍通常無害的特定物質。每

個人的敏感情況、基因傾向、生活習慣或身處環境不同，症狀也會因人而異。

　　法國有 25% 的人口對花粉過敏，全歐洲則有超過 3,500 萬人。這個數字不會減少！據估計，2050 年西方國家將有一半的人口都對花粉過敏。[4]

■ 日本柳杉（*Cryptomeria japonica*）

我們偶爾遇到有人會對工作過敏，但我想和各位分享的是對樺樹過敏。[5]不過，在這裡只提及一種植物其實十分困難。樺樹、榛樹、桴樹……令人涕淚橫流、值得在本章節中占有一席之地的禾本科植物簡直數不勝數，但花粉症的症狀卻大同小異。法文將這些症狀簡寫成「PAREO」，剛好跟法國海灘常見的大溪地纏腰布同名：「P」代表發癢（pruri；鼻子和眼睛發癢）、「A」代表味覺喪失（anosmie；無法感受味覺）、「R」代表鼻漏（rhinorrhée；雖然拼字很像，但你不會變成犀牛，只會流鼻涕而已）、「E」代表噴嚏（éternuement），而「O」代表鼻塞（obsstruction；鼻子堵塞）。有些狀況下，病患也會有結膜炎、溼疹、氣喘等症狀。

這些看起來或許都不是大事。感冒或流鼻涕都不是什麼大不了的事情。你可能會想到《白雪公主》裡噴嚏打不停的噴嚏精，真是娛樂效果滿滿。但對於過敏的人而言，這可一點都不好笑，他們的生活品質因此受到影響，無論在工作還是生活中都無法全力表現。除了前述症狀之外，他們也受睡

眠問題、疲倦和易怒所擾。社會保險也因此付出大量成本，不只有醫療支出，還有勞工缺勤的成本。在美國，過敏每年造成的成本超過 180 億美元，歐洲則在 550 到 1,510 億歐元之間，比樂透獎金還高！[6]

　　要為這一切負責的，是種小小的粒子——花粉。花粉是雄性繁殖細胞群，由兩到三個細胞組成，其中一個是雄性配子，這是植物運送精子的方式（不過，讓人打噴嚏的並非精子）。花粉由雄花產生，經由風力或蜜蜂等昆蟲運送，為雌花授粉，繼而結果。因而，花粉是植物生命循環的一部分：如果沒有花粉，就沒有果實、沒有下一代植株。造成人類過敏的，是花粉粒產生的分子。以樺樹為例，這類分子有兩種蛋白質：「Bet v1」和「Bet v2」。

　　並非所有的植物都會引發過敏。植物的花粉必須能令呼吸道黏膜發癢，才會引發人類過敏。只有透過風力傳播花粉的植物才會引發過敏，但這並不是唯一的條件；若要引發過敏反應，花粉必須大量傳播，或是成為微小但具有強力的過

敏原。

　　過敏反應可分為兩個步驟。首先是第一次接觸過敏原當下的致敏反應。免疫系統會產生名為「免疫球蛋白 E」的特殊抗體。這種抗體會瞄準名為「肥大細胞」的組織細胞，並將肥大細胞轉化為手榴彈，準備好在下一次接觸過敏原時引爆。第二個階段則是過敏反應本身。過敏原將瞄準包覆肥大細胞的抗體，而抗體將釋出組織胺等分子，引發發炎──也就是過敏症狀的來源。

　　豚草是致敏性最高的植物之一，但排行榜上還有其他競爭對手──日本柳杉（*Cryptomeria japonica*）。法文雖然將日本柳杉稱為「柏木」或「日本雪杉」，但日本柳杉並非柏木也並非雪杉。這個例子便說明了拉丁學名有多重要，畢竟俗名經常令人混淆。日本柳杉的屬名「*Cryptomeria*」來自希臘文的「*kryptos*」（隱藏）和「*meros*」（部分），因為其種子藏身於這種柏科植物的毬果之中。日本柳杉正如其名，原生於日本，之後移植至韓國、中國、臺灣，甚至到達

留尼旺島和亞速群島。日文將這種樹木稱為「杉」（發音為「sugi」），其中最年長的個體之一現年超過 2,000 歲，名為「繩文杉」。1784 年，瑞典博物學家暨旅行家鄧伯（Carl Peter Thunberg, 1743-1828）首次「發現」繩文杉。1842 年，日本柳杉引入英格蘭及法國。

　　四分之一的日本人——也就是 3,000 萬人——受嚴重的花粉症所苦，其中更有 70% 的人過敏是由日本柳杉引起。第二次世界大戰後，為了顧及重建的需求，日本栽種了大量日本柳杉作為建材，光是 1950 到 1970 年間便栽種了 400 萬株。自此之後，這種植物便以風為舵手，只要花朵成熟，便會釋放恆河沙數般的花粉……在風中自由自在地翱翔。日本柳杉的花粉在 2 月至 4 月間於全日本四處肆虐，這個季節也是櫻花盛開的時間。賞櫻的日本人必定會遭受日本柳杉的花粉所苦。手帕和口罩是這個季節的必備品！另一件令人驚奇的事，則是城市居民的過敏情況比鄉村嚴重。因為花粉會直接落在馬路或屋頂上，不會經過其他植物在自然環境中的「過濾」。花粉症造成鉅額的醫療保健與勞工請假的成本，

使日本經濟付出高額代價。

1960 年代，人們才開始注意到日本柳杉引起的花粉症。在此之前，人們只稍微聽過豚草引起的過敏，並未想到要特別留意日本柳杉。從 1960 年代之後，對日本柳杉過敏的人從未減少。今日的日本已經將花粉症稱為「國民病」。科學家找出了日本柳杉的過敏原蛋白質，稱作「Cry j1」。我猜想「cry」或許就是「哭」的意思。想到這裡就不禁吸了一下鼻子。

砍伐數千棵健康生長的樹的確難以想像，另一個選擇則是栽種致敏性較低的樹木。人類已經配種出沒有花粉的無數品種，可供往後栽種樹木時選用。在歐洲也一樣，城市並非一定要栽種樺樹或懸鈴木。[7] 植林很重要，而且有非常多的好處：生活品質、人類福祉、生物多樣性、在城市裡打造自然的角落⋯⋯只不過在規劃時務必考慮再三。

回到惡名昭彰的日本柳杉，許多研究正在努力以經過基

因改造的米粒為基底，來製造疫苗。食用這種米將使人體產生免疫容忍力。這種米將產生一種氨基酸，可以模仿日本柳杉的花粉，進而協助身體對日本柳杉的花粉免疫。目前對老鼠和猴子的實驗結果都十分樂觀，只剩下判斷基因改造米粒究竟是否有其他風險。[8]

　　你知道嗎？若一個人對花粉過敏，這個人也有可能對某些食物過敏。對樺樹過敏的人，可能對蘋果或核桃過敏。對豚草過敏的人，可能對香蕉或哈密瓜過敏。這類引發過敏的物質，其結構會與主要過敏原相似。其他類似案例更為驚人：對蜱蟎亞綱動物過敏的人，可能會對海鮮過敏；對貓毛過敏的人，可能會對豬肉過敏。最近有另一個案例如下：對地中海柏木（*Cupressus sempervirens*）過敏的人，成年後可能會對柑橘或桃子過敏。2017 年，有個研究團隊發現這些案例中的過敏原屬於一種新的蛋白質分類，這種蛋白質可以引發花粉或食物過敏。[9]回到日本柳杉，對這種樹木過敏的⋯⋯狗，可能的其他過敏原則是番茄。

人類過敏的情況之所以不減反增，和所處環境的變化有關，而這些變化又是人類生活模式演變所造成。汙染和過敏直接相關，汙染和花粉的結合效果便是一例，將汙染源（法文：polluant）和花粉（法文：pollen）相結合的「polluen」概念便應運而生。這些粒子會釋放過敏原，而且可能進一步引發氣喘等呼吸道疾病。

　　如果你覺得冰山融化、北極熊消失、水資源減少、太平洋島嶼消失等未來的悲劇都與你無關，請記得氣候變遷也會對過敏造成影響。空氣中的花粉量增加、開花季及花粉散播期延長、致敏物種擴散……或許你已經開始對氣候變遷過敏了！

　　日本的物候學（研究季節性生態事件的學門，如開花、樹葉新生的開始時間）研究也顯示，日本柳杉花粉開始散播的時間，已經從 1983 年的當年第 73 天提前至 2003 年的當年第 47 天。[10] 天氣紀錄也顯示，在 1983 年至 2003 年間，2 月的平均氣溫提升了攝氏 2.1 度。韓國南部濟州島在 2011

年至 2017 年間的研究則顯示，從 1970 年到 2011 年，該島的平均溫度上升了攝氏 1.7 度。該島北部的花粉散播期在 2011 年共 44 天，但在 2017 年則來到 71 天；南部在 2011 年是 48 天，在 2017 年則來到 85 天。[11]

人類之所以越來越多人過敏，並非因為調皮又不懂尊重他人的植物散播可怕的花粉，以便在我們擤鼻子時大聲嘲笑。事實上，花粉是植物繁殖不可或缺的要角，如同人類的精子。我們要究責的對象反而是人類自己的生活模式。此外，為了對抗過敏，已經有許多有趣的計畫正在進行，例如法國東北部洛林大區的「Pollin'air」[12]：由專業和業餘的植物學家組成網絡，追蹤花粉的散播進度，以便儘早警示對花粉過敏的人，讓他們準備好對應措施。過敏的人如果提早收到花粉散播的通知，便可以開始調整自己的行為，採用許多已經成為常識的對應方式：避免在起風時除草、避免白天開窗、避免在草地打滾玩耍、避免在戶外晾衣服，或者在睡前洗頭髮，免得將微小的黃色花粉帶到枕頭上……

5

人工伊甸園

　　大麻、可可、菸草、可以釀酒的植物……無數植物都
會產生可以致癮的物質。本章節將介紹幾種令人上癮的植
物。

| 煙霧繚繞的植物小傳 |

接下來將介紹一種擅長兩面手法的植物。它在南美洲受人敬愛，數世紀以來為當地傳統所用；另一方面卻又因為吸食這種植物帶來的危害而惡名昭彰。當年將這種植物引入歐洲時，人們將它視作萬靈藥，但今天卻只剩下咒罵。

法國作家賀邦（Louis François Raban, 1795-1870；筆名「巴航伯爵」）曾以筆名「菲立克斯伯爵」發表對這種植物的譴責：

菸草是場永不停歇的可怕禍害，比野蠻人入侵還嚴重上千倍。這是種惡劣的毒藥，毒害我們呼吸的空氣、令我們的感官麻木、令想像力窒息。菸草直接或間接犯下了無數罪刑、導致無數惡果：因為菸草，人際關係變得鬆散、人類變得愚蠢、味覺遭敗壞。（……）因為菸草，人類的牙齒開始蛀蝕、最香甜的呼吸也散發惡臭、鼻孔變大、眼神空洞、聲音模糊、味覺消失；欲望變得遲鈍、思考變得沉重……

看見吸食菸草的後果了嗎？這些敘述全然不假。

我將詳細描述吸食菸草將帶來的害處，十分駭人聽聞。根據世界衛生組織 2019 年的數據，全世界每年有超過 800 萬人死於菸草中毒。這是世界排名第一的可預防死因。[1] 在比利時，每天有 40 人因菸草而死，也就是每小時 2 人。在法國，每年有 73,000 人死於菸害，也就是每天 200 人。據我的計算，法國人每小時有 8 人的死因與菸草有關，在這方面的表現勝過比利時人。在全世界，即便將愛滋、瘧疾和戰爭致死的人數加總，也不及菸害。閱讀這些驚人的數據，不禁令人開始捫心自問，人類的休閒排遣難道只剩下菸草嗎？

針對造就這起災難的致死植物主角，讓我們來看看它的歷史。菸草（*Nicotiana tabacum*）和番茄、馬鈴薯同屬茄科植物。菸草屬（*Nicotiana*）大約有 45 種物種。有些人則認為該屬大約有 65 或更多種物種，不過似乎有物種遭到重複計算（也就是說，有些植物學家誤以為發現新的物種，

為已獲命名的物種再取一個名字）。大多數的菸草（我指的是植物，不是殺人機器──呃，我是説香菸──的組成物質）原生於美洲。但也有物種來自其他大陸，例如原生於澳

■ 菸草（*Nicotiana tabacum*）

洲的「*Nicotiana suaveolens*」和「*Nicotiana occidentalis*」，還有原生於納米比亞的「*Nicotiana africana*」。「*Nicotiana africana*」是唯一原生於非洲的菸草，可惜今日已經名列國際自然保護聯盟（IUCN）的瀕危物種紅色名錄。

菸草的歷史可謂是動盪不安，需要無數本專著才能完整說明。無論是褒或貶，菸草名列令世界震動的植物之一。哥倫布（Christophe Colomb, 1451-1506）是第一批觀察印第安人吸食菸草的西方探險家之一。觀察到毒番石榴的西班牙博物學家奧維耶多（Gonzalo Fernandez de Oviedo）則在 1535 年寫到：

這座島（伊斯帕尼奧拉島，這裡描述的地方在今日的海地境內）上印第安人的諸多惡習中，最為不堪的，便是在想遁入飄飄然境界時吸食一種我不清楚為何物的煙。他們將這種煙稱為「tabacos」。（……）對我來說，若非他們因貪婪而不斷飲用，直到倒地不起，我無法理解他們從中得到什麼樣的愉悅。（……）這對我而言是個邪惡且毫無好處的習俗。

事實上，美洲印第安人長久以來都有使用菸草的習俗，菸草早已深入無數儀式。如同大多數致癮物質，西方社會接著便扭曲了這種植物的用途。

　　菸草首次引進歐洲，是僧人探險家特維（André Thévet, 1516-1590）在 1555 至 1556 年於法屬南部領地（法國在巴西的殖民地）旅行後的傑作。不過法國駐里斯本大使尼柯（Jean Nicot, 1530-1604）偷走了這項成就，將菸草進獻給試圖治療偏頭痛的法國王后凱薩琳·德·麥地奇。尼柯從未踏足美洲，卻因此名留青史。這便是菸草傳奇史詩的開端，當時人們認為菸草是奇蹟的作物。1561 年，里斯本樞機主教聖塔克羅斯將菸草帶到梵蒂岡，使菸草得到「樞機主教草」的別稱。

　　菸草最初被視為藥草。西班牙賽維爾的醫師暨植物學家蒙納德斯（Nicolas Monardes, 1493-1588）便說明印第安人使用菸草來治療食人族毒箭造成的傷口。真是個有趣的小知識。他也在 1571 年寫道：

菸草的煙對治療以下病症很有效：黏膜炎、頭暈、眼屎分泌、頭痛、視力問題、重聽、鼻子潰瘍、牙痛、牙齦潰瘍及口瘡、風溼病、久咳不止（……）蟯蟲、痔瘡（……）腫瘤、深度潰瘍（……）

當時菸草被視作治百病的萬靈丹，使菸業發展突飛猛進。

然而，並非所有人都喜歡菸草，以身為史上任期最短的教宗聞名於世的烏爾巴諾七世（1521-1590）便是拒絕菸草的其中一員。這位可憐的教宗在當選後 12 天便死於霍亂，但 12 天已足以讓他在 1590 年頒布詔令，禁止在教堂內吸菸，後繼者烏爾巴諾八世（1568-1644）也在 1624 年再次確認了這部詔令。英格蘭國王詹姆士一世（1566-1625）也是反菸急先鋒之一，他在 1604 年試圖禁止菸草，並發表「批判菸草」一文以「揭穿」菸草的真面目。在該文中，他說道：

這是個缺乏美感、散發惡臭、對大腦有害、對肺部有危險的不良習慣。此外，吸菸時又黑又臭的煙霧，彷彿是希臘

神話的冥河斯堤克斯河從無底洞裡滾滾而生。

　　這個時代的俄羅斯同樣對菸草嚴陣以待。沙皇同樣對吸菸人士施以處罰：吸菸的人會被切除鼻子，如果再犯，就會斬首。也有文獻指出這種刑罰其實出現於波斯，俄羅斯人只會痛毆吸菸者，或是割下他們的嘴脣。[2] 無論如何，這樣逼人戒菸的確十分有效！在 1655 年法國作家莫里哀（1622-1673）的劇作《唐璜》中，莫里哀透過史加納埃的臺詞這麼說：

　　不管貴族或哲學家怎麼說，這世間沒有任何事物可以和菸草並駕齊驅：菸草是老實人生活的熱情來源，不吸食菸草的人簡直不值得活著。

　　1629 年，法國宰相黎希留樞機主教（1585-1642）首次課徵菸草稅。隨後，路易十四的財政大臣柯爾貝（Jean-Baptiste Colbert, 1619-1683）在 1681 年建立國家專賣菸草的機制。這個專賣制度在 1789 年法國大革命廢除，其後又由拿破崙再度啟用。

自十六世紀中葉起，歐洲人受到美洲印第安人的啟發，開始使用菸斗。在十七世紀初詹姆士一世下達菸草禁令後，英國的菸斗製作大師集體移民到荷蘭。荷蘭的豪達市今日以奶酪聞名，但在當時成為了菸斗泥之都（不過他們當時吸食的並非奶酪）。1620 年，菸斗業占了荷蘭各大城市手工業的 50%。吸菸俱樂部開始出現，吸菸蔚為流行，在上層階級廣為流傳。當時還有許多不同的鼻菸。你知道嗎？直至今日，鼻菸世界錦標賽仍持續舉行。看看網路上的影片，你會看到可愛的人們扭壓自己的鼻子，以便塞滿菸草。真是魅力滿滿！

　　在十八世紀末，捲菸逐漸取代了鼻菸，在十九世紀達到頂峰。捲菸的起源有無數種假說。有人認為捲菸演變自南美洲製造的小型捲菸「小紙張」。有些人則認為捲菸由克里米亞戰爭期間的土耳其士兵發明，他們用紙張將菸草捲起來，並與法國和英格蘭盟友分享這獨特口味。

　　菸草所含物質中最出名的就是尼古丁。菸草出於自衛而

產生這種生物鹼，以便警告食草動物：別碰我的葉子！尼古丁也有除蟲和除蟎的功效，但這不代表栽種尼古丁就不用殺蟲劑，事實完全相反。菸草並非唯一含有尼古丁的植物，馬鈴薯、番茄、茄子等茄科植物都含有尼古丁，甚至連花椰菜都有！不過，他們含有的尼古丁量都很少。若要吃下與 1 根香菸等量的尼古丁，必須吃下大約 60 公斤的花椰菜或 140 公斤的馬鈴薯。但如果是茄子，就「只要」10 公斤。

無論如何，尼古丁的確是個有毒物質。在小說《三部悲劇》中，英國推理小說作家克莉絲蒂（Agatha Christie, 1890-1976）使用尼古丁向三個角色下毒：在第一位角色的雞尾酒裡倒入尼古丁，第二位是波特酒，第三位則是混入巧克力。克莉絲蒂或許是受到比利時的真實犯罪事件啟發，寫下這些故事。

1850 年，伊波利特・維薩・德・波卡梅（1818-1851）毒殺了妻子的兄弟，希望可以繼承岳父母的遺產。他在自己的花園裡栽種有毒植物：秋水仙、顛茄、毒參。不過，為了

實踐自己的犯罪意圖，他最終選擇菸草。由於尼古丁沒有明顯的作用，他希望這起謀殺能在不知不覺間完成。波卡梅購買了 80 公斤的菸草，上了一些毒物學課程，還弄到了蒸餾器。他先用貓和鳥做實驗，這些可憐的動物因而身亡，接著就輪到他的妻舅了！在晚餐結束時，波卡梅逼迫舅子喝下毒藥，但結果不如預期。這場犯罪並不完美，波卡梅最終遭到判刑，在比利時瓦隆大區的蒙斯公開處決。因而，如果你想要用尼古丁毒殺岳母或婆婆，請務必了解最終結果未必符合預期。[3]

舉一個近期的例子，美國演員歐德曼（Gary Oldman）在《最黑暗的時刻》（2018 年在臺灣及法國上映）飾演英國前首相邱吉爾時，為了扮演角色，抽了無數古巴雪茄（在 58 天內抽了 400 根！），最終因尼古丁中毒而住進醫院。

有另一種名為「光菸草」（*Nicotiana glauca*）的菸草屬物種，又稱「樹菸草」，原生於玻利維亞和阿根廷。該物種在一些地區列為外來入侵種：美國南部、夏威夷、地

中海周邊地區、澳洲和以色列。法文將光菸草稱為「tabac glauque」，其中「glauque」可以指「陰森」或「青綠色」。這裡並非因為菸草有毒且致死的特性才將光菸草稱為「tabac glauque」，而是因為它的葉片呈青綠色。除了尼古丁之外，光菸草也含有毒藜鹼。毒藜鹼是種著名的強力殺蟲劑，而且毒性比尼古丁高。光菸草的確具有較高的毒性，造成數起致死事件。2010 年，一位高齡 73 歲的法國觀光客正在以色列度假，吃下了一盆看似野生菠菜的沙拉。[4] 然而，這並不是野生菠菜。她開始感到噁心、嘔吐、不舒服，在 20 天後病逝。美國、澳洲、南非也都有人意外食用光菸草而身亡的案例。在南非，養殖業者因為鴕鳥光菸草中毒而蒙受損失。這些故事告訴我們：即便你不是一隻鴕鳥，也不要用來路不明的野生植物製作驚喜晚餐，這種驚喜帶來的結果或許出乎意料……

　　除了對健康的影響外，我們也經常忽略種植菸草對環境造成的影響。我指的可不只是菸蒂：全世界每年生產 56 兆根香菸，其中三分之二的菸蒂遭棄置於大自然中，是全世界

散布範圍最廣的廢棄物。此外，菸蒂很難回收，簡直是場災難。菸蒂必須要花費超過十年才能分解，並在土壤中釋放釙、丙酮、苯比啶等相關物質。菸蒂是海洋的主要汙染源之一，鳥類和海龜已經吃下不少汙染物。此外，菸草種植幾乎不符合環境友善及公平貿易的要件，更在許多國家造成生態浩劫。栽種菸草需要大量的水和殺蟲劑，乾旱又使得種植業者需要大量木材，而菸草栽種規模還在不斷擴增。世界衛生組織在 2018 年發出警訊，揭露菸草種植如何影響環境和人類（栽種工人過度暴露於殺蟲劑）。90% 的菸草栽種於開發中國家，其中部分國家還會聘僱童工。舉例來說，馬拉威和坦尚尼亞名列全球菸草生產國的前十名，但針對自己生產的菸草，他們只吸食不到 5%。馬拉威共有 8 萬名兒童參與菸草業，他們暴露於過量尼古丁。一般人必須每天吸食 50 根香菸，才會罹患和他們一樣的健康問題。[5] 印尼的兒童也同樣罹患這種「綠色菸草病」：不適、嘔吐、肌肉無力、頭痛……這些兒童並不只以皮膚直接接觸尼古丁，還吸入大量殺蟲劑，造成眼睛灼傷、呼吸困難等等問題。專家學者更計算出以下資訊：五十年間每天吸食 20 根香菸的人，消耗

了 140 萬公升的水。瞧！又是個戒菸的好理由！

有種名為「漸狹葉菸草」（*Nicotiana attenuata*）的品種非常特別，具有溝通的能力，還有非常奇特的行為模式（請參閱彩色附錄第 13 頁）。這種菸草在法文稱為「野菸草」或「郊狼菸草」，生長於美國和墨西哥北部。當毛毛蟲向漸狹葉菸草發動進攻時，這種菸草會向毛毛蟲的天敵發送化學訊息來呼救。真令人驚奇！漸狹葉菸草之所以產生尼古丁，是為了避免害蟲啃食。不過尼古丁並非每次都能發揮作用。菸草天蛾（*Manduca sexta*）的幼蟲（請參閱彩色附錄第 13 頁）便是這種菸草的天敵之一，牠們能夠大口吃下足以致人類於死地的尼古丁量，再將尼古丁排泄出來。這種毛毛蟲甚至透過這種方式來躲過狼蛛（*Camptocosa parallela*）等天敵。每次呼吸，菸草天蛾的幼蟲都會排出尼古丁，以臭氣保護自己。換句話說……牠把口臭當成防禦武器！

如果你覺得前面的描述已經夠驚人了，底下還有更勁爆的！當漸狹葉菸草遭受毛毛蟲攻擊時，會分泌氣態的揮發性

化合物，藉此吸引一種名為「大眼長椿」（*Geocoris*）的椿象。這種椿象將為蟲卵及幼蟲帶來生命的終結。這種揮發性化合物的味道和割草後的味道相同。事實上，割草後出現的味道，其實是植物遭攻擊後散發的不特定分子。2011 年，學者發現漸狹葉菸草只會分泌特定的分子，可以分類為兩種配置：「同分異構物 Z」和「同分異構物 E」。通常菸草會釋放較多的同分異構物 Z。但毛毛蟲唾液的化合物可以轉化同分異構物 Z 和 E，進而吸引大眼長椿。不過，大眼長椿不會攝食肥大的毛毛蟲。因此，漸狹葉菸草又準備了備案：透過毛狀體（細小的凸起處）分泌毛毛蟲喜愛的甜液，貪吃的蟲隻將因此付出代價，畢竟貪吃是種罪惡。牠們吃下的甜液將讓牠們散發出瓊漿玉液般的美味……讓這些毛毛蟲變得更令人垂涎三尺！這種香味將吸引牠們的天敵──前來大快朵頤的羅紋鬚蟻（*Pogonomyrmex rugosus*）。這些毛毛蟲彷彿是敢死隊，自己召喚了會將自己生吞活剝的其他昆蟲。

　　菸草天蛾幼蟲和漸狹葉菸草的關係十分複雜，但這還不是故事的全部！雖然菸草天蛾幼蟲是漸狹葉菸草的天敵……

但菸草天蛾的成蟲卻會協助漸狹葉菸草散播種子！這麼說來，菸草天蛾到底是敵是友？漸狹葉菸草陷入了兩難，既不能讓自己被啃食殆盡……又不能消滅協助繁殖的菸草天蛾！此時，一種具有調節機制的物質出現了！漸狹葉菸草的基因能夠調節揮發性化合物「(E)-α-香檸檬烯」的產生。白天，葉子會產生這種化合物，以便吸引大眼長椿來消滅菸草天蛾幼蟲。晚上，又由花朵來產生這種化合物，藉以吸引菸草天蛾的成蟲。大自然可真是無奇不有！我相信漸狹葉菸草的這個特殊策略肯定十分成功！

| 與倫巴舞齊名的毒品 |

古柯樹（*Erythroxylum coca*）是種原生於南美洲的灌木，從這種樹木提煉出來的分子稱作古柯鹼（請參閱彩色附錄第14 頁）。大家都知道古柯鹼不是什麼好東西……但古柯樹可說是安地斯山脈的代表！

古柯樹生產的物質有許多不同功效。有些物質會影響人類意識，而人們有意識或無意識地吸食這些物質⋯⋯

■ 古柯樹（*Erythroxylum coca*）

我使用成癮物的經驗相當有限。我喝咖啡，這是合法的。然而，即便劑量少，咖啡因也會使人成癮。法國文學家巴爾札克便死於豪飲咖啡，他每天得喝上 40 杯！不過，我們也知道咖啡樹的確有許多益處（使人振奮、緩解偏頭痛等）。我也對另一種成癮物成癮——巧克力。可可含有名為「可可鹼」的物質，和咖啡因很類似。可可鹼的法語名稱來自可可樹的拉丁語名稱「Theobroma」，在希臘文中的意思是「神的食物」。

　　不過，我是在秘魯和玻利維亞才得以實際嘗試古柯。我每天至少喝三杯含有古柯的藥草茶！這點劑量並不足以使我成癮。事實上，古柯葉製成的茶可以造成的影響比一杯濃縮咖啡還少。來場「醉後大丈夫」之旅並不成問題。[6]事實上，古柯葉茶對於緩解頭痛和高山症十分有效，因而在南美洲十分常見。

　　古柯在這些地區就只是常見的消費品而已，在當地司空見慣，有點像是馬鈴薯：我在當地的市集可以找到十數種不

知名的馬鈴薯品種。這麼說來，歐洲的超市和市集似乎需要多多加油了。至於古柯，四處都有，一整袋一整袋地販售。我第一次親口嚐到古柯，是在秘魯古城庫斯科。這座城市海拔達 3,400 公尺，我很快便感到疲倦和頭痛。高山症的症狀因人而異。有些人在海拔 2,000 公尺就會感受到相關症狀，有些人則要到海拔 4,000 公尺。無論如何，高山症必須慎重以對。我當時並沒有什麼嚴重的症狀，但還是令我非常疲倦。因而，有人給了我古柯糖。有效果，但就算吃完了整包糖，緩解的效果仍然不夠。因而，我嘗試了古柯葉茶。口感不差，像是在喝藥草茶，但沒有 *Camellia sinensis*（也就是茶樹）製成的舒眠茶那麼好喝。不過，幾分鐘之後，我便感覺好多了：痛苦不再持續、平靜向我襲來。頭痛消失了！

請注意也請放心，我不是在推廣毒品。不過，就如同你的觀察，古柯樹和古柯鹼不可混為一談。古柯樹就只是種灌木，而古柯鹼是這種灌木萃取出來的物質。古柯樹不是藥頭，而古柯鹼是種生物鹼。真正造成危害的毒品必須經過高度濃縮，並且與其他不那麼誘人的物質一起攪和：小蘇打、

糖、滑石、咖啡因、藥品、殺蟲劑、左旋咪唑（獸醫師用的驅蟲藥）。聽起來好吃嗎？古柯樹只是棵沒有任何惡意的植物……是人類扭曲了它的功效。

我顯然不是史上第一位喝下古柯茶的人類。在安地斯山脈，人類使用古柯樹葉的歷史已經長達五千年……不對，八千年！2010 年，考古學家發現秘魯人咀嚼古柯樹葉的歷史，比當時所想的還多了三千年。[7] 古柯樹在當地的文化和傳統都有非常重要的地位。除了興奮劑之外，古柯樹還擔當社會與宗教的要角。人們賦予這種植物魔法般的能力。

古柯樹（*Erythroxylum coca*）屬於古柯科（該科包含約 200 種物種）。人類也栽種另一種古柯——哥倫比亞古柯（*Erythroxylum novogranatense*）。更精確地來說，這兩種物種都各有兩個變種：瓦努科古柯（承名變種，*Erythroxylum coca var. coca*）、亞馬遜古柯（*Erythroxylum coca var. ipadu*）、哥倫比亞古柯（承名變種，*Erythroxylum novogranatense var. novogranatense*）以及特魯西優古柯

（*Erythroxylum novogranatense var. truxillense*）。

那麼，人們對古柯樹究竟如何作想？這種植物充滿爭議，原因或許來自各種聲名狼藉的事蹟：犯罪、謀殺、人口販賣、鋃鐺下獄、成癮等等，這些還不包含吸食古柯鹼後的症狀：鬱悶、易怒、偏執、鼻黏膜組織壞死等。

不過，我並不是醫生，所以我不是來這裡上課、跟你們細數古柯鹼的壞處。你或許開始認為古柯對健康只有壞處，而吸食古柯肯定只有劇烈的後果。

古柯樹原生於安地斯山脈，在海拔 700 至 1700 公尺區間生長，主要栽種地是秘魯、玻利維亞和哥倫比亞，最佳生長地則在距離玻利維亞政府所在地拉巴斯不遠的雍伽暖地區。順帶一提，此地的樂曲啟發了後來的法國名曲「倫巴舞」。這首歌由玻利維亞樂團「Los Kjarkas」編寫，原歌名為「哭著離開」，遭到法國人直接抄襲。這起抄襲事件最終上了法院，作者獲得 100 萬歐元的賠償金。這不是這本書的

主題，只不過既然提到了古柯鹼，就一定要提到錢。古柯樹可以生長四十年，含有大約 14 種生物鹼，其中之一就是著名的古柯鹼。在哥倫布抵達美洲之前，當地社會便將古柯用作開顱手術的麻醉劑。光想就覺得痛！

　　古柯的現代史則充滿動盪。西班牙殖民者用古柯來促進奴隸在金礦坑或銀礦坑中的工作效率，讓這些可憐人在數小時間身心俱疲，又幾乎不用進食。能撐過這種待遇的人想必沒有多少。傳統上，銀礦工人會將古柯葉與植物灰製成球狀，以牙齦和臉頰固定在口腔中，以口水浸溼。這樣便能促進古柯鹼萃取，這些生物鹼需要鹼性環境才能釋出。

　　法國植物學家德朱西厄（Joseph de Jussieu, 1704-1779）在 1750 年記錄這種植物，這是歐洲第一份有關古柯的紀錄。法國博物學家拉馬克（Jean-Baptiste de Lamarck, 1744-1829）則在 1786 年將這種植物命名為「*Erythroxylon coca*」。而這種植物主要的生物鹼——也就是古柯鹼——則在 1855 年首次萃取而出。

小心啊，我的公主！當我来到，我會緊抱著妳，直到妳紅得發亮（……）如果妳不順從，妳就會知道我倆中誰才是身強體壯的那個：總沒吃飽、年輕貌美的女孩，還是體中有著古柯鹼的狂熱男士？在我最後一次憂鬱時，我重拾古柯，一點微小的劑量都能令我大感振奮！

猜猜看這段引言從何而來？是電影《黑色追緝令》？法國喜劇電影《貴族名人榜》（*Jet Set*）中的明星？墜落的搖滾明星？惡名昭彰的詩人？事實上，這段話是來自佛洛伊德（Sigmund Freud, 1856-1939）寫給未婚妻的信件。[8] 這位著名的心理分析學者就有吸食古柯的習慣。他認為自己發現了奇蹟般的產品，並用自己作為實驗對象，研究古柯的治療與止痛效果。佛洛伊德是第一批對這種聲名狼藉的物質感到著迷的歐洲人之一。他當時真誠地認為這種植物可能具有顯著的藥性。他甚至推薦好友馮弗萊施醫生（Ernst von Fleisch, 1846-1891）在一場拇指手術後用古柯鹼取代嗎啡。可憐的醫生日後對古柯鹼成癮，並在 45 歲英年早逝。

與此同時，來自法國海外領地科西嘉的藥學家馬里亞尼（Angelo Mariani, 1838-1914）突發奇想，將古柯葉浸入波爾多的酒品中，馬里亞尼酒就此誕生，可說是可口可樂的先祖！馬里亞尼酒帶來了巨大的商業成功。

　　十九世紀末，古柯鹼用作麻醉劑，柯南道爾小說中的福爾摩斯便曾服用古柯鹼。最終，人們終於發現古柯鹼其實是種不折不扣的毒品。1914 年，美國通過《哈里森法》管控古柯鹼的使用及銷售，將生產、進口和使用非藥用毒品入罪並課稅，尤其針對鴉片和古柯鹼。

　　但究竟古柯為什麼要生產古柯鹼呢？沒有腳的古柯樹無法逃跑，因而必須「用計」讓自己免於天敵侵擾、說服敵人不要啃食自己，繼而生產生物鹼等有毒化學物質。

　　簡單說明至此，與茄科（該科包含菸草，請參考本章前一節）等植物相較，古柯生產古柯鹼的機制並不廣為人知。的確，栽種古柯違法，但科學家仍能在實驗室中栽種這種植

物！2012 年，德國的生物化學家發現古柯和茄科植物使用不同的酵素來生產生物鹼。他們也發現，茄科植物使用根部來生產生物鹼，而古柯使用葉子。除了古柯鹼，古柯還含有無數其他物質：鈣、鐵、鋅、鎂、維生素 A、D、E。雖然，古柯富含營養價值，但無論如何都不應視作食物。古柯具有抑制食欲的效果，因而不是人類均衡飲食的好夥伴。古柯還有更多祕密待人揭發。在西方人興奮地「發現」這種植物之後，古柯遭受批評與汙名，鑽研其特性的研究從未停歇。

有份英國研究指出，超過 10% 的人的手指上有古柯鹼的痕跡，即便他們從未吸食古柯鹼。難道每個人都對古柯成癮嗎？古柯鹼其實是環境中常見的汙染源，且經常出現在鈔票上……真不令人意外。

古柯的歷史非常豐富。我們可以透過藥學、公共衛生或立法等角度來深入描寫古柯的歷史。與栽種古柯相關的各種議題也極端複雜。一方面，古柯因為引發人類濫用而遭受斥責，另一方面卻又是南美洲數百萬人眼中的神聖植物。在玻

利維亞和秘魯，古柯又是抵抗西方霸權的象徵。我希望各位讀者此後可以少說些古柯的壞話，同時也要警惕這種植物可能的風險！

｜餽贈海盜瓊汁玉液的植物｜

在危害人類健康的植物名冊中，為人類提供酒精的植物也占有一席之地。這類植物真的存在，還有多種選擇！包括在我的故鄉法國洛林地區可用來製作絕佳餐後酒的米拉別李、能製作日本清酒的稻米、法國不可或缺的葡萄……撰寫這個章節令我挫折不已，畢竟可以列入此章節的植物簡直不可勝數！每種水果、根或植物部位都可以經過發酵，變成美味的餐前酒或餐後酒：桑葚可以製作基爾酒、龍舌蘭可以製作龍舌蘭酒、馬鈴薯可以製作伏特加。各國、各個文化都有自己的酒品特產。

酒和菸草是傳播最廣泛的合法毒品。我不打算在這裡列舉過量飲酒造成的損害。人人都知道，酒精成癮這種禍害可以造成慘痛的後果，包括每個人都曾耳聞過的酒駕車禍、酒後暴力等等。再次申明，我只打算與各位分享植物的故事，植物與人類因植物犯下的蠢事無關。節選要在這本書中分享的故事的確十分困難，因而我決定帶著各位與一株需要太陽的植物一同展開旅程。

在和各位提及本章節的主角植物之前，我必須先帶著各位回憶人類與酒精的關係。人類與酒精的關係源遠流長。在文字出現前，人類就開始飲用酒精了。數千年來，酒精在社交生活中擔綱要角，這也是植物的功勞。研究[9]指出，中國自九千年前便開始飲用以稻米、水果和蜂蜜發酵而成的飲料。在高加索地區（喬治亞與伊朗），人類自七千四百年前開始飲酒。喬治亞境內還有全世界最古老的葡萄園，保有全球最早葡萄栽植國的頭銜。（沒錯，比法國還早！）甚至還有人提出假說，認為人類之所以開始耕種，不是為了食物（大自然中已經有不少植物了），而是為了酒。2018 年，

考古學家 [10] 在以色列發現全世界最古老的啤酒……足足有13,000 歲。沒錯，啤酒並非足球愛好者的發明，也不是為了讓這些人醉倒在沙發上而發明。根據以色列海法遺址的出土遺物，納圖夫文化的人類早已知道如何釀酒。其中有兩個石臼用來堆放穀物，另一個石臼用來發酵穀物。當年的啤酒擔綱靈性角色，和今日球隊粉絲豪飲的飲料大不相同！

此外，人類並非第一個飲酒的生物，也不是唯一，許多動物都有飲酒的紀錄。但強烈建議不要因此讓你的寵物嘗試飲酒，這對他們只有壞處。不過，大自然中的確有野生動物會食用發酵的水果。例如瑞典境內便可以發現食用發酵蘋果後微醺的駝鹿，牠們可能會變得具有攻擊性，因而需要警察介入（就跟人類的醉漢一樣……）。2011 年，在一所英格蘭的學校，人們發現了一群烏鶇的遺骸。這些鳥類因為食用發酵的漿果而酒醉。酒後不開車，這些鳥類便因捲入飛行事故而亡。不過，馬來西亞有一種樹鼩科動物酒量還不錯。筆尾樹鼩（*Ptilocercus lowii*）可以喝下一定量的棕櫚酒（酒精濃度為 3.8%，和啤酒一樣）。這種動物出乎意料地可以代

謝酒精，不會因為喝下棕櫚酒而變得醉醺醺。[11]

　　我無法窮舉所有植物製的酒精飲料，最後只能以一種植物作結。這種植物可用來製作一款長年來令無數水手和海盜傾心的飲料，並為法國洛林大區的巴巴蛋糕增添風味、令香蕉起火，甚至能在感冒時用作藥酒……你一定認識這種酒。沒錯，就是蘭姆酒！蘭姆酒的基底是甘蔗。這種酒的歷史既豐富又充滿戲劇性，還與奴隸制度有緊密連繫。甘蔗更是種充滿黑暗歷史的植物。

　　甘蔗是禾本科的草本植物，屬於甘蔗屬。甘蔗有多種物種，其中有 4 種主要物種已經由人類馴化。其中最有名的紅甘蔗（*Saccharum officinarum*）原生於紐幾內亞，在八千年前便已在當地遭馴化。紅甘蔗接著傳播到中國和印度，並在距今五百年前抵達地中海。十五世紀，西班牙人和葡萄牙人將甘蔗帶到非洲。為美洲帶來不少紀念品的哥倫布也把甘蔗引進新大陸，在 1493 年第二次旅行時將甘蔗帶到安地列斯群島。隨著當地的菸草種植以失敗告終，甘蔗種植便在安地

■ 紅甘蔗（*Saccharum officinarum*）

列斯群島蔚然成風。留尼旺島自 1815 年起為了製糖而栽種甘蔗。甘蔗占了當地一半的可栽種土地,並成為島上的主要產業之一。今日共有 80 個國家生產甘蔗,巴西和印度列名榜首。甘蔗還有多種混種,人類為了促進產量和疾病抵抗力而不斷使甘蔗品種彼此雜交。

甘蔗種植的主要目的是製糖,但我們在此要講的是酒精飲料,而不是蛋糕。

蘭姆酒首次出現於十六世紀。葡萄牙人與西班牙人在十六世紀首先開始大幅擴張甘蔗的種植面積,接著是十七世紀的法國人和英格蘭人。如果你曾前往葡萄牙的馬德拉島,便可能曾沿著該島的無數灌溉埤圳漫步。這些埤圳便是為了灌溉甘蔗園而興建。

傳教士、植物學者暨探險者拉巴神父(Jean-Baptiste Labat, 1663-1738)是第一個記錄蘭姆酒釀造流程的人,開啟了後世人類飲用蘭姆酒的歲月。他 1722 年的著作《美洲

島嶼新遊記》中便這樣記載：

　　這些島嶼居民製作的水果蒸餾酒混有泡沫和糖漿，在當地非常常見，稱作「guildive」或「tafia」。野蠻人、黑人、居民和貿易商都熱愛這種飲品，他們成癮的程度也毋需多言。他們只需要這種酒有勁、強力又便宜，千萬不可以難喝、不悅口。英格蘭人也經常飲用這種飲品，但不像西班牙人所喝的那麼精緻，後者發明了另外兩到三種酒品，飲用並對這些酒品成癮的習慣也傳染給我們的法蘭西同胞。畢竟我們的同族總是熱切地模仿鄰居認為不好的事物。

　　這些調皮搗蛋的法國人簡直做了最不好的示範！我們可以從前文得知，蘭姆酒廣受普羅大眾喜愛：海盜、冒險家、奴隸和粗人！蘭姆酒甚至成為十六至十九世紀間大西洋三角貿易的交易貨幣：奴隸船在非洲用蘭姆酒購買奴隸，而這些奴隸又到加勒比海的甘蔗田工作。當時，三角貿易的航程上充滿著蘭姆酒的芳蹤。

　　歷史小知識：蘭姆酒的別稱「guildive」來自「屠魔」

（kill-devil），這是十六世紀英格蘭人對蘭姆酒的稱呼。蘭姆酒的名望簡直不言可喻。

自十八世紀末起，自安地列斯群島走私而來的蘭姆酒出現在巴黎的咖啡館裡。自 1850 年起，蘭姆酒逐漸傳播到法國各地，原因之一是因為法國開始栽種糖用甜菜，繼而為了製作蘭姆酒而栽種甘蔗。[12]

法文稱呼蘭姆酒為「rhum」，得名自英文的「rum」，而「rum」又來自「*Saccharum*」，也就是甘蔗的拉丁文屬名。有另一種說法則認為「rhum」得名自蘭姆酒的另一個英文別名「Rumbellion」，來自英文的動詞「rumble」（連續發出低沉的聲響）。不過，另一個問題又來了：「r」和「u」之間的「h」是怎麼來的？如果你剛好知道答案，請務必告訴我。

無論如何，蘭姆酒之所以廣受海盜和水手喜愛，並不是單純為了飲酒作樂。試想，如果帶著飲料橫跨大海，飲料很

快便會開始腐敗，而船上又沒有礦泉水或淨水藥片。但如果帶著酒⋯⋯便能降低染病的機會（我們今天所謂的「水土不服」在當年可以致人於死地）！英國皇家海軍甚至在 1731 年建立機制，為每名士兵配給蘭姆酒，直到 1970 年 7 月 31 日廢除這條法律。這一天後來被稱為「配給哀悼日」。取消飲料配給能演變成這樣，可見英國海軍有多愛這款飲品。

不過，你知道蘭姆酒是怎麼製作的嗎？我來為各位簡介蘭姆酒的製作步驟。

人們用壓榨機萃取出甘蔗汁。剩下的甘蔗渣（纖維）則可以用作鍋爐的燃料，甘蔗的每個部位都有用途。甘蔗汁則放到發酵桶中，並倒入酵母。酵母會以糖分為食，產生酒精。人類從中得到一種低酒精濃度的甘蔗酒，可用於蒸餾。蒸餾完成後，酒精濃度可達到 70 度。此時可以作為白蘭姆酒，或放在發酵桶中持續熟成。加水稀釋後，酒精濃度便可降低為 40 至 60 度。

如果你喜歡以甘蔗為基底、可製作卡琵莉亞調酒的巴西特產卡沙夏酒，卡沙夏酒也是以新鮮、未烹煮過的甘蔗釀製。除了甘蔗之外，偶爾也會加入烘過的穀物。蒸餾時間則沒有蘭姆酒長，酒精濃度達到 40 度即可，必須馬上裝瓶。

格羅格酒的歷史則相當有趣。和人們想像的不同，格羅格酒的發明人並非在火爐邊試圖取暖的老奶奶，而是一位英國海軍上將。弗農（Edward Vernon, 1684-1757）注意到，他的水手總是很快就把蘭姆酒喝光了，因而想到在蘭姆酒中加水稀釋的想法。弗農的暱稱是「格羅格南」（Grognam）或「老格羅格」（Old Grog），得名自他老舊的羊毛羅緞（英文：grosgrain）服飾，格羅格酒也因此得名。之後，人們也開始在格羅格酒中加入檸檬汁，以避免缺乏維他命 C 的水手在航程中罹患壞血病。

有關酒品的部分就到此為止吧！喜愛莫希托、潘趣等調酒的人，可以翻找其他有關蘭姆酒的專書。同時也請務必適量飲酒！

最後，我想引用法國詩人普維（Jacques Prévert）發人深省的詩作來作結：

上帝手執甘蔗

驅逐亞當

創造了地球史上第一杯蘭姆酒

| 治療阿爾泰公主的非法植物 |

有些植物廣受媒體關注，接著我們便來討論經常登上報紙頭版的一種植物——大麻。大麻是全世界吸食量最高的毒品之一，引起無數激烈爭端：是否要把大麻合法化？大麻究竟是否危險？大麻經常引起爭論早就不是新聞。然而，如同安地斯山的古柯，人類使用大麻的歷史也是源遠流長。

大麻長期以來都是全世界栽種面積最廣的植物之一，學

名為 *Cannabis sativa*（請參閱彩色附錄第 15 頁）。從前學界會區分栽種用的 *Cannabis sativa* 和精神活性植物 *Cannabis indica*，但兩者其實是同一種植物：*Cannabis sativa*。印度大麻是大麻的亞種，學名為 *Cannabis sativa* subsp. *indica*。大麻有許多不同類型，差別主要在於四氫大麻酚這種著名精神活性物質的濃度。如果是用於取得種子和纖維的合法栽種品種，四氫大麻酚的濃度只有 3%。用於醫療或娛樂用途的大麻則達到 10%，偶爾還會達到 30%。

法文的「chanvre」和「cannabis」指的是同一種植物，真的是「一模一樣（kif-kif bourricot）」[13]。「kif」在摩洛哥阿拉伯語的意思就是大麻，但和「一模一樣」沒有關係，只是剛好也是大麻而已。就像柬埔寨人所說的「一模一樣，但是不同」。「chanvre」指的是用來紡織的大麻，而「cannabis」則是娛樂用的大麻（這不是說我們可以在娛樂場所吸食大麻）。

無論如何，大麻其實和豬有點像，他們沒什麼缺點。大

■ 大麻（*Cannabis sativa*）

麻有非常多種用途。在中世紀，大麻可以用來製作粗繩、衣物或面紗；當時的查理大帝就鼓勵栽種大麻。今時今日，大麻纖維可用來製作衣物、紙漿，或是建築物的玻璃棉。種子可用於化妝品、繪畫、植物油或飲料。莖部則可用於畜牧、寵物或園藝的木屑鋪面。

在中國的考古遺址中，考古學家發現距今八千年前的人類生活就有大麻的蹤跡，這是人類最早的大麻栽種紀錄之一。當時大麻的來源還不確定：可能來自中國本地、中亞的吉爾吉斯大草原，甚至西伯利亞貝加爾湖周邊地區。二千年前，大麻抵達日本和歐洲。石器時代末期、青銅時代初期，人類開始廣泛利用大麻。在中國，大麻可用作藥材，也有可能作為權力的象徵。2008 年，考古學家在中國發現最古老的大麻煙捲，他們在距今二千七百年的古墓中發現大麻！墓主是為大約 45 歲的巫師。[14] 更晚近的 2016 年，中國考古學家有了驚人的發現：他們在中國西北部的吐魯番發現一副二千五百年歷史的骨骼，其裹屍布以大麻製成。[15] 這豈不是美國歌手莫里森（Jim Morrison）和牙買加歌手瑪利（Bob Marley）的夢想嗎？ 1993 年，考古學家更發現一位年屆 2,500 歲的西伯利亞公主，這具木乃伊被稱為「阿爾泰公主」或「寒冰小姐」，她的墳墓中也含有大麻。阿爾泰公主的死因可能是乳癌或是墜落，墓中的大麻，其用途可能是醫療目的。[16]

大麻也曾因為是殺手愛用的植物而名揚在外。這究竟是傳說或真實故事？雖然這種假說並非不可能，但可能性不高。大麻製成的藥物「哈希什」（haschich）和祕密教派「阿薩辛派」（Hashishin）兩個詞的確很相像。後者是敘利亞和波斯的伊斯蘭教伊斯瑪儀派一支，生活在山區，且致力於暗殺這支信仰的敵人。馬可波羅（Marco Polo, 1254-1324）四處散播有關阿薩辛派的傳說，說這些殺手遭到一名叫做「山中老人」的男人以哈希什下毒，繼而離開堡壘、從事自殺攻擊。馬可波羅的確說得一口好故事！然而，一群迷失在藥物中的小夥子能夠從事犯罪活動嗎？真是難以想像。

　　這種想法也和詞源有關。字典《法語寶庫》[17]指出，法語「assassin」（殺手）來自義大利文的「assassino」，而「assassino」又是阿拉伯文「hashishiyyin」的借詞，也就是在十字軍東征年代獵殺基督教首領的這支狂熱教派。這便是為什麼人們認為這些詞彙和大麻有關。不過，針對「assassin」的詞源，現在也有其他假說：這個詞可能來自「hassa」（殺）或「assissa」（堡壘）。有數種不同的途徑

可以用來解釋「assassin」的出處，也有可能根本與叼著大麻煙捲的人無關，並非每個吸食大麻的人都是殺手！

藥用大麻並非什麼新鮮事。在西方世界，十九世紀的醫生便開始使用大麻，直到使用嗎啡來替代。有些科學家繼而開始研究大麻的功效，並且用動物做實驗（非常不建議這麼做……大麻對動物非常毒[18]）。你曾經想像過蜘蛛抽大麻是什麼樣子嗎？ 1948 年，有位德國的動物學家便把不同毒品餵給……蜘蛛。大麻、麥角酸二乙醯胺（LSD）和咖啡因的效果非常快速，還會影響蜘蛛網的形狀！

大麻無疑是人類歷史的一部分，且故事還沒結束。每個人對大麻都有自己的個人和政治立場，可能支持或反對大麻合法化。而藥用大麻也有自己的爭議。

大麻含有兩種分子：大麻素和萜烯。萜烯是松柏等許多植物產生的香味分子，是這些植物味道的來源，還具有消炎、抗腫瘤的特性。大麻含有檸烯。柑橘類果皮和刺柏屬

植物也有這種物質。大麻更含有約 60 種不同的大麻素，其中著名的四氫大麻酚（THC）令人頭暈目眩，而大麻二酚（CBD）雖然沒有精神活性的效果，但具有多種重要藥性：可以令人放鬆、止痛、對抗抑鬱或多發性硬化症等疾病。

然而吸食大麻並非全無風險。部分研究顯示，青少年如果吸食大麻，四十年後罹患思覺失調症的風險便會增加。[19] 洛林大學[20]在 2012 至 2015 年研究大麻對記憶力的效果，指出大麻吸食者的記憶比較不豐富：大麻會對大腦中學習、動機相關區域中的受器產生作用。由於青少年的大腦結構快速變化，很輕易便會受到外力影響。2019 年 2 月發表的一篇加拿大研究[21]顯示，7% 的青年抑鬱症狀與大麻有關。不過也有人認為，如果大麻合法化，便能進而控制大麻消費量。

美國有多個州分允許藥用大麻。我在學術網站「對話」（The Conversation）上讀到一篇由兩位美國學者於 2016 年撰寫的文章[22]，對藥用大麻提出質問。他們表明自己針對

大麻沒有政治立場，只提供科學事實。除了 THC 之外，大麻還含有許多人類仍不清楚功效的物質。有些疾病──例如神經受損導致的慢性疼痛──似乎能透過大麻來舒緩。但這些研究奠基於一些主觀宣稱，今天的臨床對照實驗結果仍不足以證實大麻的效果。針對老鼠的實驗 [23] 指出，如果結合微量以 THC 為基底的藥物和一種阿斯匹靈，對神經末梢疼痛的緩解效果比分開接受這兩種藥物還來得好。這種結合還能減少副作用，因為兩種藥物的使用量都比較少。然而，人類不是老鼠，這種結合還沒經過人體實驗。如同古柯，科學家做研究偶爾不如預想般順利：有些人因為要面臨的手續而卻步。由於大麻的益處尚未證實卻有成癮性，的確有些政策總是對大麻合法化提防再三。不過，許多研究仍持續進行，使人類得以找出治療疾病的方法。2017 年發表的一份人體（孩童和青少年）實驗結果顯示，大麻二酚可以將癲癇症的機率降低 39%。[24] 大麻並非仙丹妙藥，但的確帶給人們治癒疾病的希望。

2019 年 2 月 13 日，歐盟議會通過決議，保障了藥用大麻的良善美德。藥用大麻可以減緩精神疾病、癌症和阿茲海默症的痛苦，甚至能減少肥胖的風險與生理痛。我們希望相關研究可以持續進行，畢竟大麻真真切切地具備有益健康的藥性。或許阿爾泰公主就是最棒的代言人！

Chapter

6
致死名聲

　　有些植物會製造高毒性的物質，甚至致人於死地。毒
參、顛茄、天仙子……具潛在危險的植物名單族繁不及備
載。不過，這類有毒分子如果只有少少的劑量，卻能當作
藥物使用。

| 雙面紅豆杉 |

美觀、好鬥、罪孽深重……這些形容詞都能用來形容歐洲紅豆杉。羅列這些形容詞，就能是重寫法國歌手伊天・達荷（Étienne Daho）和夏洛特・甘斯伯格[1]（Charlotte Gainsbourg）的歌曲〈紅豆杉〉。[2] 你不相信嗎？

你可能早在墓地邊注意到這種文靜、像是陷入沉思的植物，他的樹蔭為永眠的故人提供庇蔭。你或許知道這種植物也有攻擊性，過去曾使用這種木材來製作弓。紅豆杉也有不利於人類的效果，甚至可以將人送往黃泉！不過這種樹具有藥性，萃取出來的物質可以用來抗癌。

紅豆杉也十分引人注目。有些植株非常美麗，例如法國北方瓦茲省哲布瓦那株洞穴形狀、高齡超過 300 歲的紅豆杉，便在 2017 年獲得「年度樹木」美譽（請參閱彩色附錄第 12 頁）。

這是種雙面樹木，一方面化身殺手（並且關心永眠的故人），另一方面又是疾病鬥士。本章節要介紹的就是這種樹木，它既熱情又……極端！

紅豆杉是毬果植物，[3]屬於紅豆杉科紅豆杉屬。然而，國家不會對這種植物的樹脂產品課稅，因為這是少數不會生產樹脂的毬果植物。此外，它還有個獨門特色：紅豆杉是沒有毬果的毬果植物！它的紅色「果實」並非果實。和其他毬果植物一樣，紅豆杉沒有花也沒有果實。[4]

紅豆杉屬目前有 9 種（但也有專家認為有 70 種），廣布歐洲、北美洲和亞洲，最知名的是歐洲紅豆杉（*Taxus baccata*，請參閱彩色附錄第 12 頁）。美國佛羅里達州的當地特有種佛羅里達紅豆杉（*Taxus floridana*）則瀕臨絕種。墨西哥人欣賞散布於墨西哥南部的墨西哥紅豆杉（*Taxus globosa*）。另外還有喜馬拉雅山的西藏紅豆杉（*Taxus wallichiana*）和日本及韓國的日本紅豆杉（*Taxus sucpidata*）。

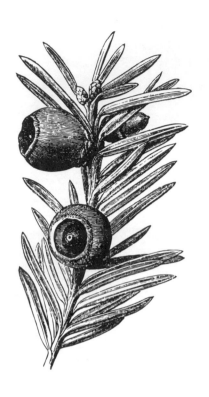

■ 歐洲紅豆杉（*Taxus baccata*）

　　這種植物的拉丁學名已經替自己做了一番介紹。屬名「*Taxus*」來自印歐語系的字根「tecs」。該字根有兩種涵義：「毒」以及「弓」。事實上，「tecs」的意思是「熟練的工作」。

木材製作的弓具有彈性，因而希臘文將弓稱為「tecs」。「tecs」也與希臘文的「toxon」有關，代表了紅豆杉令生物苦不堪言的毒性。紅豆杉屬名的來源眾說紛紜，但這個屬名意味著這種植物長期以來都用於殺戮用途。

小說《哈利波特》中惡名昭彰的佛地魔便手持紅豆杉製成的魔杖，雜揉了這種樹木的雙面想像：一面是死亡，另一面是生命。佛地魔復活的墓地也種有巨大的紅豆杉。紅豆杉雖然常見於公園裡，但其實並非大自然的常見物種。現在已經找不到美麗的紅豆杉林了。歐洲紅豆杉遭到大量砍伐使用，在國際自然保護聯盟瀕危物種紅色名錄列名「瀕危」。[5]

紅豆杉的壽命可以達到非常長的境界，超過一千年。或許這就是墓地會栽種紅豆杉的原因：用這種植物來象徵再生與永恆。此外，紅豆杉一年四季常綠，簡直就是永生的美麗象徵。但你知道嗎？有些紅豆杉需要其他樹木來當保母！

西班牙學者[6]在研究歐洲紅豆杉的野生植株時，發現紅

豆杉和其他植物間有「促進作用」的關係，也就是會彼此互助合作。這種關係的範例之一，便是樹木為幼苗遮風擋雨。協助他者的物種稱作「保育植物」（英文稱為「nurse」）。這群西班牙學者在距離格瑞納達不遠的內華達山區研究紅豆杉，發現當地的野生羱羊、山羊和綿羊會食用紅豆杉。這十分驚人，畢竟紅豆杉的毒性足以殺死一匹馬。然而，犬薔薇、山楂、刺檗等犀利保母圍繞著紅豆杉，使得紅豆杉仍能在當地茂盛生長。這些保育植物除了擊退想要食用紅豆杉的動物之外，更是紅豆杉專屬的肉身屏障，還能提供陰影和溼氣，落葉更能提供營養。紅豆杉可說是拿盡一切好處。

回過頭來討論紅豆杉的毒性：除了果實周邊的肉質假種皮之外，紅豆杉的所有部位都有毒。這種毒性來自紅豆杉含有的生物鹼混合物「紫杉鹼」。紫杉鹼可以抑制心肌細胞交換鈉和鈣，這種抑制效果百分之百會發生。攝入紫杉鹼 1 至 2 小時後，相關症狀很快便會出現：嘔吐、腹瀉、頭暈、幻覺、痙攣、腹部抽筋。如果中毒量高，可能會出現嚴重的心臟問題、血壓大量下降，甚至因心臟及呼吸系統中止而死亡。相

信你已經發現了：絕對不要將紅豆杉放進沙拉裡。如果家裡有小孩，也不要把紅豆杉用作聖誕樹。家裡的小朋友可能會把美麗的紅色「果實」拿來吃。

紅豆杉的首要受害者是家畜：馬、牛、驢、兔、豬、羊、狗、貓……人類的動物朋友中，只有少數可以不受紅豆杉所害。每種動物的致死劑量不同：馬需要 200 公克、兔子只需要 20 公克。意外層出不窮。

這種植物適合用來謀殺、下毒或自殺。在英國推理作家克莉絲蒂（Agatha Christie, 1890-1976）的作品《黑麥奇案》中，作者便選用紫杉鹼來當凶器，將紫杉鹼混入橘子果醬罐裡：「我老闆因痛苦而扭曲，全身因懍人的痙攣而顫抖。」非常英式的手法！莎士比亞（1564-1616）名著《哈姆雷特》同名主角的父親也同樣死於紅豆杉的毒。

除了致死的一面之外，紅豆杉其實也是個奇蹟般的植物。我想向各位介紹的是太平洋紅豆杉（*Taxus*

brevifolia）。這種植物生長於北美洲西北方，從美國到加拿大，沿著加拿大英屬哥倫比亞省的海岸線生長。第一民族（加拿大原住民）很早便認識這種植物。太平洋紅豆杉的葉子製成的茶可以治療肺部疾病，部分植株製成膏藥後可以治療傷口，樹枝製成的茶還能治療胃部症狀。第一民族應該只食用非常少的劑量，否則後果會不堪設想。這種木材十分堅固，當時還能用來製船。太平洋紅豆杉生長得非常慢，因而有時間製造防禦用的物質：生長慢的樹木通常有更多時間來製造次級代謝物，也就是這些植物毒性的來源。

紅豆杉是二十世紀最偉大的藥材發現之一。一切的起源，來自 1962 年 8 月炎熱的一天，在美國華盛頓州的森林裡，哈佛大學植物學家巴克萊（Arthur Barclay, 1932-2003）正為了農業研究而蒐集植物樣本。他和三個學生一起蒐集了太平洋紅豆杉的莖和樹皮。當時這種植物仍然沒沒無聞。生長在美國西海岸巨型松柏樹蔭下的太平洋紅豆杉植株普遍不高。這種植物同時也生長在深邃的峽谷和溝壑，以及其他當地壯觀的地形中。由於具有毒性，會食用這種植物的動物很

少。學者將太平洋紅豆杉的樣本帶回實驗室分析，發現相當
強的細胞毒性，這種特性可能可以用於殺死癌細胞。經過動
物實驗，太平洋紅豆杉的萃取物對罹患白血病的老鼠十分有
效。這項發現令人十分振奮，但要實踐並不容易：必須先將
有效成分從其他複雜分子中成功分離。但人類需要的這種分
子不容易溶解，而且十分不穩定。經過四年，人類才得以成
功完成這項創舉。

1966 年，學者沃爾（Monroe E. Wall, 1916-2002）和沃
尼（Mansukh C. Wani, 1925-2020）和他們的研究團隊成功
從太平洋紅豆杉樹皮萃取出高純度的有效成分，回收率為
0.02%。直到 1969 年，人類才能辨識和描述這種分子的結
構，將這種有效成分命名為「太平洋紫杉醇」，並在 1971
年發表研究結果。[7] 1980 年代，人類才認識這種分子的抗
腫瘤作用。太平洋紫杉醇固著在主導細胞分裂的細胞骨架[8]
微管[9]上，使得癌細胞無法分裂。不過，健康的細胞也會
因此無法分裂，成為副作用。

這些研究結果對於治療乳癌和卵巢癌十分有效。唯一的缺點是，如果要取得 1 公升的紫杉醇，便需要 10 公噸的樹皮，也就是 3,000 棵太平洋紅豆杉的樹皮。照這個需求，幾年內便會耗盡所有資源，或至少耗盡所有太平洋紅豆杉林。人類幾乎不可能取得足以大量治療癌症的太平洋紫杉醇量。因而，研究持續進行，科學家正在研究如何合成這種物質。在法國，國家科學研究中心自然物質化學研究所有一支由波堤耶（Pierre Potier）帶領的團隊，他們砍伐了國家科學研究中心所屬公園的歐洲紅豆杉。[10] 大多數的太平洋紫杉醇儲存在樹皮中，不過，科學家在針狀葉中發現一種較容易取得的物質，只需加入合成分子便能產生太平洋紫杉醇。真是美妙的發現：葉子會重新生長，人類只需要取用葉子，不用砍掉整棵樹！聽起來超棒，只可惜這不能解決所有問題。太平洋紫杉醇的需求量呈爆炸性成長，而合成這種分子所需的時間和成本都比預想的來得高。因而，人們繼續砍伐紅豆杉。此時，《瀕臨絕種野生動植物國際貿易公約》介入並限制紅豆杉交易，只是 90% 的西藏紅豆杉和 80% 的雲南紅豆杉早已消失殆盡。在魁北克，人們嘗試不要把加拿大紅豆杉趕盡

殺絕，而是留下一些植株以便繁殖。2010 年，新的曙光出現了：著名的麻省理工學院（MIT）學者們透過基因改造的細菌，發現一種大規模製造太平洋紫杉醇前驅物的方法。[11]

與此同時，還有另一個可能的解決之道。2005 年，「植物進階科技」計畫在法國南錫啟動，又稱「植物擠奶」計畫：以培養液栽種根部裸露在外的紅豆杉，並定期砍下根部來萃取紅豆杉，不危害植株本身。

紅豆杉注定是種超凡入聖的樹木。我愛透了這種植物。

｜青少年、殭屍、印第安人和布列塔尼農夫都愛用的植物｜

曼陀羅（*Datura stramonium*）是高度劇毒的植物（請參閱彩色附錄第 16 頁）。雖然以致幻劑聞名，但食用曼陀羅

極端危險。

曼陀羅屬屬於茄科，包含十數種物種。茄科的其他植物包含茄子、番茄、馬鈴薯，以及富含高毒性、超惡毒生物鹼的許多植物！天仙子（無論黑色或白色）就是個例子。1881 年，此非阿哈加爾高原的圖阿格雷人將天仙子的毒加入椰棗中，用來毒殺研究穿越撒哈拉沙漠途徑的考察團成員。弗拉特上校領軍的一百多人因此死於征途，其中包含 14 名法國人。第一批受害者是遭受暗殺而死，其他人則是因天仙子而瘋狂地互相殘殺而亡。同科的植物顛茄（*Atropa belladonna*）更為可怕。雖然顛茄具有毒性，中世紀的女性仍使用這種植物來放大瞳孔，造成視力受損。毒茄蔘（*Mandragora officinarum*）則流傳著眾多都市傳説。其中之一提及，人類拔除毒茄蔘時，這種植物會驚聲尖叫。

曼陀羅有許多法文別名，有些很詩意，有些很接地氣：多刺蘋果、巫師草、獵鼺鼠草、天使的喇叭、催眠草、瘋人草、毒蘋果、亡者的喇叭……等等。也有人根據拉丁學名，

■ 曼陀羅（*Datura stramonium*）

將這種植物稱為「stramoine」。曼陀羅在美國又稱為詹姆士敦或金森草，由來如下：1676 年，在維吉尼亞州的詹姆士河畔，一名廚師有個驚為天人的想法。他將曼陀羅葉偽裝成菠菜，煮給英國士兵吃……儘管這群士兵活了下來，但他們浸淫在瘋狂漩渦的期間長達 11 天。

曼陀羅含有阿托品和東莨菪鹼等強力生物鹼。這些分子可對神經系統產生解痙攣作用，因而可用作藥物。

曼陀羅在法國又稱為「催眠草」，草如其名。在十八世紀的巴黎，「催眠人」會把曼陀羅粉或曼陀羅飲品交給菸草攤的顧客……當受害者昏昏欲睡，催眠人便能將他們搶劫一空。他們喜歡找城市的中產居民或年老的寡婦下手，公共場所或馬車都是犯案地點。艾克斯有名老婦人，因為使用曼陀羅擾亂名門少女的心智，將她們交給浪蕩子，因此遭處以火刑……曼陀羅相關的小故事還有很多。在一本古老的植物學專書中，作者說有人曾經目擊「盜賊用曼陀羅讓艾克斯的劊子手和太太陷入瘋狂，使他們渾身赤裸地在一座墓園跳了整

晚的舞，玷汙了整座墓園。」真是令人難以置信！十九世紀的印度也有盜賊以曼陀羅下毒的不幸故事，世界各地更比比皆是。相關的謀殺與中毒事件遍布在歷史紀錄的各處。1996年，在孟買的一座紡織工廠，大約 60 人因為食物中毒而死亡。他們的米飯裡便有曼陀羅的蹤跡。[12]

曼陀羅具有致幻作用，但建議各位千萬不要嘗試，畢竟副作用非常劇烈。長達數週的痙攣和視力障礙，以及恐慌症、窒息感和幻覺……最後可能會陷入昏迷或心臟病發。每年總有幾個尋求高強度刺激的人因此遭遇了極端的負面感官體驗，最終住進急診室。相關紀錄中的證詞十分驚人：有個年輕男性看見非常嚇人的景象，認為有隻野獸攻擊自己。還有位年輕女性相信自己遭到綠蟻龜攻擊。這些幻覺可能真的宛如噩夢纏身，甚至帶來嚴重後果。[13] 偶爾也傳出孩童不慎中毒的意外。

不過，曼陀羅也可作為藥物使用，可以舒緩氣喘症狀。十九世紀時，人們可以張羅到曼陀羅香菸。法國著名作家普

魯斯特（Marcel Proust, 1871-1922）患有氣喘，便大量吸食曼陀羅香菸。除了曼陀羅之外，這些香菸還含有顛茄、天仙子、鴉片和桂櫻。吸食這種香菸時，請務必留意劑量，否則未來肯定連想咳嗽都沒辦法。

無論如何，藥用劑量和中毒劑量的差異實在太微小，因而藥用曼陀羅已經不再使用。這些問題都來自劑量，也就是藥理學的重要原則之一。同一種植物可以治療疾病，也可以致人於死。直到 1992 年，由於有些年輕人因為使用曼陀羅香菸來製酒而不幸身亡，販賣舒緩氣喘的藥用曼陀羅香菸遭到禁止。今天的弱勢和年輕族群仍然暴露於曼陀羅的風險中。在 2017 年的突尼西亞，有個不懷好意的人提供曼陀羅給 22 名學生，他們全數住進了醫院，命在旦夕。[14]

在歐洲和其他地方，曼陀羅也用於黑魔法儀式。你知道女巫如何在空中雲雨翻騰嗎？據說他們將一種以曼陀羅及同類植物製成的藥膏塗抹在掃把上，接著……怎麼說呢……將陰道應用於其上，無論是字面上或是比喻，都是真正的雲雨

翻騰。[15] 到底是傳說還是事實呢？聽起來的確煞有其事，畢竟黏膜吸收生物鹼的效果的確很好。

曼陀羅相關物種在世界各大洲的用途皆有所不同。在美國加州，原住民丘馬什族人在許多場合都會使用聖曼陀羅（*Datura wrightii*）：成年禮、與亡者溝通、治療疾病。內華達山脈的約庫茲族人則善用曼陀羅的致幻特性。

在海地，曼陀羅被賦予「殭屍小黃瓜」這種十分罕見的外號。《陰屍路》的愛好者想必很愛這種植物。曼陀羅在當地用於巫毒儀式，和其他植物一起製成茶葉，給罪犯服用，以便他們像殭屍一樣遭受控制，得以回到正途。

不過，如果要找到曼陀羅最離奇的應用方式，不必大老遠跑到美洲。1970 到 1980 年代的調查研究發現，在法國西部布列塔尼大區的樹林裡，有些農民自製水果酒的原料竟然是……曼陀羅！農民友善地請訪客品嚐自家釀的酒，接著這些訪客便難以在晚上回到自己的家。原因絕對不是酒精濃

度！民族學者曾認真研究這個現象，並發覺這其實是個儀
式！在民族學期刊中有一篇鑽研這項儀式的文章，文中追溯
在布列塔尼大區莫爾比昂省進行的另一次調查：這種「品酒」
活動的參加者僅限通常單身、在農地工作的男性，他們在特
定地點和場合祕密舉辦相關活動。[16] 這的確是個非常特殊
的環境。當地人將這種植物稱為「jilgré」。女性從未聽說
過這種植物，不過她們顯然也知道致幻飲料的祕密。男性享
有這種飲品的流程也非常特別：東道主會「不慎」拿錯酒杯，
而每位男性則是「驚訝地」喝下這杯私酒。和在自行車賽用
藥的選手一樣，這些男人從不知道杯中物是何方神聖！另一
個有趣之處：當地人從不談論曼陀羅的致幻效果，只將這種
植物視為令人精神錯亂的植物。通常，最後把這些人成功帶
回家的，都是他們的馬匹。

　　布列塔尼的農民和內華達山脈的原住民，誰比較瘋狂
呢？

　　曼陀羅在十六世紀抵達歐洲，今天已經是常見的植物。

曼陀羅通常在耕地生長，被視為「雜草」，有時也會生長於荒地和廢墟。某些程度上，曼陀羅可以算是入侵種，的確會對耕作造成影響。尤其是在有機耕作的農田裡，人們偶爾會發現曼陀羅的蹤跡。2019 年 2 月，有一批有機蕎麥麵粉必須從市場下架，因為這批麵粉可能具有毒性。

曼陀羅的某些變種可作為園藝作物。這些植株的花朵呈鐘狀，顏色可以是白色、玫瑰色或黃色，非常優雅美麗，無論是私人花園或公園都可以見到它們。不過，還是要小心，這些曼陀羅一樣具有毒性。

食用曼陀羅對人類的影響令人生畏。不過，就像所有植物一樣，曼陀羅並非本性惡劣，但還是請各位避免將它用於暗殺或製作沙拉。雖說偶爾會有人意外中毒，應該只有不知情或愚蠢的人才會出於「好玩」而嘗試曼陀羅。此外，如同大多數的有毒植物，曼陀羅也能用於治療疾病。如同其他茄科植物，曼陀羅含有阿托品等物質，可以用來製作多種藥物，包括反射性昏厥的藥物。誰說曼陀羅沒心沒肺呢？

連環殺手最愛的堅果植物

馬錢子鹼和砷、氰化物是並列為最常用於殺戮的三種毒素。想當然爾,我們也能在植物中找到駭人的馬錢子鹼。讓我們馬上開始回顧一段驚人的犯罪史。

著名推理作家及毒藥女王克莉絲蒂(Agatha Christie, 1890-1976)便在她 1920 年出版的第一部小說《史岱爾莊謀殺案》選用這種物質作為凶器。受害者是富有的寡婦艾米麗·英格拉霍普(Emily Inglethorp)。當時,人們可以在所有藥局輕易取得馬錢子鹼,通常用作興奮劑。在英國懸疑電影大師希區考克的電影《驚魂記》中,主角也使用馬錢子鹼殺死自己的母親和情人。文學和電影中還有無數案例,但真實故事常常比虛構情節更令人驚嚇不已。

克林姆(Thomas Neill Cream, 1850-1892)畢業自魁北克蒙特婁的麥基爾大學,主修醫學。他是史上最聲名狼藉的殺手之一。他是位優雅的男性:西裝筆挺、戴著高帽、蓄

鬍。克林姆生於蘇格蘭格拉斯哥，後來移民到加拿大，完成與三氯甲烷有關的論文。1876 年，他與以花為名的芙蘿拉·布魯克斯（Flora Brooks）成婚。根據官方紀錄，芙蘿拉於 1877 年因病去世，而她曾經歷由丈夫執行的墮胎手術。克林姆以診所生意維生。1879 年，他的一名女病患陳屍在診所後方，據信是服用三氯甲烷自殺——大家是這樣說啦。隨後克林姆移居美國，繼續實施違法墮胎手術。一名女性性工作者在接受克林姆診治後過世。數個月後，另一名女性病患因為服用含有馬錢子鹼的墮胎藥而去世。在這位啟人疑竇的醫生的一生中，這是第一位對馬錢子鹼有陽性反應的病患：這位病患的癲癇藥檢測出微量的馬錢子鹼，結案！最後，克林姆遭到逮捕，在監獄裡住了一陣子。不過，他之後卻遭到赦免，移居倫敦。這便是後續一連串嚴重事件的開端。前面說的這些，只不過是這位心理疾病患者的暖身而已。

1891 年，人們發現 19 歲性工作者奈莉的遺體。她死於馬錢子鹼中毒，臨終時高度痛苦。她很可能經歷了馬錢子鹼中毒的所有症狀：肌肉痙攣、劇痛、抽搐、心臟驟停、窒

息。你現在知道小小的馬錢子鹼分子能帶來多可怕的作用了嗎？一週後，輪到另一位名為瑪蒂爾達的性工作者，接著是艾莉絲和艾瑪。克林姆最終遭到逮捕並判處死刑。他遭處以絞刑，雖說馬錢子鹼其實也能送他上路。這位醫生聲稱自己就是當時正在肆虐的開膛手傑克。有些人真的相信了，畢竟克林姆也專門殺害女性性工作者。但事實不然。在人們提出不少假說之後，開膛手傑克已證實是別人。或許這位醫生病態的靈魂十分忌妒開膛手傑克惡名昭彰的名聲？

這就是馬錢子鹼用途之一的經典範例，但當然要請各位切勿模仿，殺人絕對不是什麼好事，植物明明可以用來做許多好事：裝飾花園、耕種蔬菜、情人節禮物（但花束組成請務必避開紅豆杉、曼陀羅或馬錢子）。結束這些奇聞軼事之後，讓我們回到植物學吧。

馬錢屬植物製造馬錢子鹼。該屬有將近 200 種物種，散布於熱帶各地區：75 種來自非洲、73 種來自南美洲、44 種來自亞洲。馬錢屬屬於馬錢科。

其中最著名的物種就是馬錢子（*Strychnos nux-vomica*），原生於印度南部馬拉巴爾地區和斯里蘭卡的小型樹木（請參閱彩色附錄第14頁）。馬錢子的果實 [17] 因含有

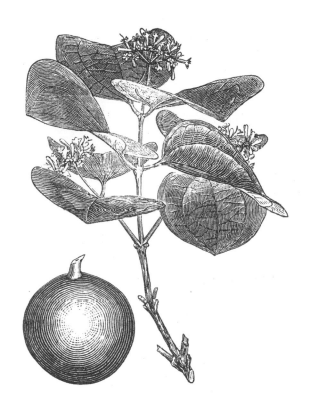

　　■ 馬錢子（*Strychnos nux-vomica*）

13 種不同的生物鹼而聞名，其中最主要的成分便是令人生畏的馬錢子鹼和二甲基馬錢子鹼。

1818 年，法國化學家佩爾蒂埃（Pierre-Joseph Pelletier, 1788-1842）和卡芳杜（Joseph Caventou, 1795-1877）將馬錢子鹼從馬錢子果實中分離出來。這對雙人組合也曾成功萃取咖啡因和奎寧。馬錢子鹼是難以溶解的晶體，沒有氣味，嚐起來是甜的。馬錢子果實一定含有馬錢子鹼，但整株植物的所有部位也可能有這種物質。

佩爾蒂埃和卡芳杜接著也發現了二甲基馬錢子鹼。法國文豪大仲馬（Alexandre Dumas, 1802-1870）在《基督山恩仇記》提到：

「可是，為諾瓦第埃先生準備的藥水，怎麼會毒死德‧聖米蘭夫人呢？」

「事情很簡單，您知道，對有些疾病來說，毒藥也是一種良藥，癱瘓就是這樣的一種疾病。我為了恢復諾瓦第埃先生行動和說話的機能，各種方法都已經試過了，於是，大約

在三個月以前，我決定嘗試一下這最後的辦法。就這樣，三個月以前，我開始給他用二甲基馬錢子鹼。」

　　作家為了撰寫小說，蒐集相當多的資料，完整地了解特定毒藥的效果。大仲馬知道，萃取自同一種有毒植物的同一種物質既可以是毒藥，也可以是良藥，差別在於劑量。諾瓦第埃先生定期服用有毒分子，早已經習慣，因而對他人而言已經足以致死的劑量無法發揮效果。當德‧聖米蘭夫人過世時，書中角色很快便開始猜到了她的死因：

　　「症狀很明顯，您看見了嗎？睡眠被神經性痙攣中斷，大腦極度亢奮，以及神經中樞麻痺。德‧聖米蘭夫人是服用大劑量的馬錢子鹼和二甲基馬錢子鹼致死的……」

　　在 1982 年於法國遭禁之前，馬錢子鹼和二甲基馬錢子鹼也能用作治療人類癱瘓的藥物。馬錢子鹼還能用作滅鼠藥，直到 1999 年。

　　現今偶爾還是會傳出馬錢子鹼中毒的事件。2008 年，

一位奧地利市長在食用神祕人致贈的巧克力後昏厥，這塊甜品便含有馬錢子鹼。[18] 2011 年，法國有位農民自己食用了滅鼠藥而中毒。[19]

馬錢屬有另一種名為「南美箭毒樹」（*Strychnos toxifera*）的物種，是種生長於南美洲的藤本植物，產生的毒素可以癱瘓人類肌肉。和其他植物的萃取物混合後，南美箭毒樹可用於製作箭毒，供印第安人塗抹在箭上或長槍尖端，在叢林中狩獵。雖然南美箭毒樹不包含馬錢子鹼，但汁液中仍包含自己產生的劇烈毒素。

馬錢子鹼可用作中樞神經系統的興奮劑，微小的劑量便能提升呼吸能力。體育競賽中，也有人將馬錢子鹼用作興奮劑。1904 年，美國馬拉松選手希克斯（Thomas Hicks）便靠著馬錢子鹼贏取金牌。他原先只是第二名，於是在競賽途中服用小劑量的馬錢子鹼（和酒類一起服用），成效並不明顯。但第二劑加強了效果。他在抵達終點線後昏倒，無法醒來領取獎牌。事實上，若非原本領先的選手決定作弊，乘坐

汽車來完成其中一段賽程（但汽車故障了……），希克斯根本不可能獲勝。[20]

馬錢子可以用作凶器和禁藥，當然也可以用作藥物。在印度，傳統的尤納尼醫學數世紀以來都將馬錢子入藥，用來製作提升動脈血壓的烏達膠囊。不過，製作過程中會將馬錢子果實浸水或浸入牛奶中，以降低毒性。

在今天，阿育吠陀、尤納尼等印度傳統醫學、中醫、藏醫，乃至順勢療法也都尋求馬錢子的協助。馬錢子在印度被稱為「Kupilu」，用於彷彿無窮多種療法之中：癱瘓、風溼病、發燒……還有許多研究正在探討馬錢子的抗癌、抗微生物、消炎、防止腹瀉等效果。

以上說明馬錢子在醫藥界光明璀璨的未來。不過，服用時務必遵照醫生指示，畢竟意外總是突如其來，而克莉絲蒂和大仲馬早已提醒讀者這種植物最令人避之唯恐不及的副作用——死亡。

# 跋

我希望這些植物的故事能令你們直打哆嗦、會心一笑，以及讓各位更了解植物的美妙世界。在這本書中，我向各位介紹了數種惡棍植物，有些令人類刺痛、發癢、灼傷，另一些則讓我們打噴嚏、流淚、成癮或染病。其中最作惡多端的，還會送人上西天！

因為篇幅有限，我必須篩選向各位介紹的植物。不過，我當然也可以介紹其他各色各樣無數愛惡作劇的植物。在具備刺激性的植物中，我可以引介各位認識喜愛在人類腸道中開宴會的派對咖植物。我曾向各位提到，切洋蔥會令人流淚，但沒有提及洋蔥的鱗莖也以捉弄人為樂。該部位含有難以消化的糖分和硫化物，得以在人類消化時大鬧一場。菊芋也有類似的作用，是種令人困擾的植物。這種植物含有菊

糖，人類的消化酵素很難消化。當人類的腸道菌群向菊糖進攻時，便會排放出甲烷等氣體。排放溫室氣體的可不只有牛放屁！

至於外來入侵種，我並沒有忘記正在征服全世界的虎杖（*Fallopia japonica*），以及無視一切阻力、以貝多芬樂曲《暴風雨》風格大幅擴散的水丁香（*Ludwigia peploides* 或 *Ludwigia grandiflora*）。[1]

有關有毒植物，我原本也想到法國人會在勞動節互相贈送的鈴蘭。鈴蘭其實非常危險（千萬別喝下花瓶裡的水）！還有奪取蘇格拉底性命的毒參，以及秋水仙、顛茄、夾竹桃⋯⋯罪犯的行列其實還大有人在！至於毒品，名為「烏羽玉」的仙人掌含有仙人掌毒鹼和致幻特性，也別忘記曾在中國引發戰爭的罌粟！你也可能曾聽過原生於東南亞、以精神活性作用聞名的卡痛樹（*Mitragyna speciosa*）？卡痛樹可以當作罌粟的替代品、協助止痛，但並非百分之百安全。在2016 到 2017 年間，卡痛樹在美國造成 91 起死亡。[2]

我們曾提到有毒植物經常可用來製藥。但我們也能反過來想：具有藥性的植物可能具有高毒性。廣防己（*Aristolochia fangchi*）經常被誤認為粉防己（*Stephania tetrandra*）：這兩種植物都是中醫的藥材，且中文名稱很相似。廣防己具高度致癌性，因為這種植物含有的馬兜鈴酸可以引發基因突變。[3]在 1990 年代的比利時，有大約 100 名女性在接受瘦身治療後發生嚴重的腎衰竭。在 2017 年發表的研究指出，在亞洲傳統醫學中使用這種植物，會引起許多種癌症，主要是腎癌。

　　我們都知道大自然對人類生活的貢獻。大自然真的為人類提供非常多資源，簡直無邊無際。即便是有毒植物，也可能用來製藥，甚至是人類的營養來源。馬鈴薯其實是含有茄鹼的有毒植物；如果生食，便可能中毒，症狀包含頭痛、嘔吐、腹部疼痛、頭暈、腹瀉等。然而，馬鈴薯仍然是人類珍愛的珍饈之一。毒品也可能提供具有藥性的分子，在某些國家也可能具有重要的文化及靈性角色。

外來入侵種和致敏植物則是真正的問題製造者，但人類應該先回過頭詢問自己的生活方式、習慣，以及如何管理越來越受到全球化影響的自然環境。油棕（*Elaeis guineensis*）便是棕櫚科中最惡名昭彰的麻煩製造者之一。油棕遭人指責為森林砍伐、土壤貧瘠和提供劣質脂肪的元凶，但人們卻不會質疑椰子是否也犯下同等的罪行！油棕是種優異的植物，具有非常多優點。西非人從很久以前便開始栽種油棕，油棕也為當地人帶來不少好處。這種棕櫚樹可以製作棕櫚油（自果肉萃取）、果仁油（自種子萃取）、酒，乃至材料。油棕可供食用、製作醫療衛生產品，還能用來製作木製家具或屋頂。在原生地西非，油棕也是當地文化的要角之一。女性會在當地的市集聚集，販賣油棕的果實或油。油棕是當地最受尊敬的植物之一。

　　這些植物還有許多層面等著我們發現。他們造成的問題各異，但人類或許要捫心自問，例如氣候變遷對這些植物的影響是什麼。

以古柯樹為例，科學界提出兩種彼此對立的觀點。[4]古柯樹以強壯堅固聞名，目前可以生長在多種棲息地中，無論該地潮溼或乾燥。有些學者認為，因為古柯樹具有基因多樣性，才能適應氣候變遷。另一些持懷疑論的學者則斷言，古柯樹和可可樹、咖啡樹等熱帶作物一樣，受到氣候過分影響。

入侵物種則受益於氣候變遷。他們具有超強適應力，可以在混亂的環境中為自己謀取利益。有些原本並非入侵種的物種，還會因為環境變化而變成入侵種。譬如，原生於溫暖國家的物種，便可能因為溫度上升而提高存活率。

許多研究仍在進行中，但可能的因素太多，要一瞥未來仍然十分困難。人類在地球上的移動越發頻繁，也持續協助無數物種移動。有些研究已經指出氣候變遷對許多物種的影響。在南印度洋的凱爾蓋朗群島，氣溫上升及降雨量變化已經使得西洋蒲公英（*Taraxacum officinale*）的生長範圍擴張，危及當地物種。[5] 粉綠狐尾藻（*Myriophyllum aquaticum*）

的新家則擴及歐洲北部。至於豚草，氣候變遷有助於這種植物持續擴張，也會提升花粉症的患者人數。

另一個前途光明的研究領域則是植物潛在的藥性。只要人類保護自然資源、不讓豐富的自然環境化為烏有，生物多樣性就是人類可以持續應用的寶庫。

舉例來說，植物之所以產生有毒分子，通常是為了擺脫天敵。因而，這類植物都有殺蟲的特性。法國農業研究發展國際合作中心（CIRAD）便正在進行研究，要將這些具有殺蟲能力的植物用於對抗西非農業面臨的害蟲。尤其是草地貪夜蛾的幼蟲，這種毛毛蟲對超過 80 種作物造成大量損害，其中包括高粱和稻米。[6] 在長長的害蟲名單中，還有一種名為沙漠蝗蟲的入侵物種正帶來威脅，這種蝗蟲對農民造成的經濟損失非常巨大。然而，殺蟲劑價格高昂，且毒性非常強。許多研究正試圖將植物用作化學製品的替代方案。例如，原生於印度的印度苦楝樹（*Azadirachta indica*）具有殺蟲、抗真菌、驅蟲等特性。相關研究正在試圖找出可以使用

的物種、使用的方法，以及如何讓農人接受這種替代用品，或者如何降低天然產品（萃取防蟲植物）的生產成本。

植物手中永遠不缺王牌。它們還有許多祕密等待人類探索，而我們的未來也仰賴它們無窮無盡的潛能。

我希望這本書能帶給各位認識植物的全新視角。也希望當讀者發現植物的奧妙、歷史、用途後，便能以完全不同的角度來欣賞植物。甚至隨著認識越多，便越來越喜歡植物！

牛蒡（*Arctium lappa* L.）

貝信麒麟（*Euphorbia poissonii* Pax.）

掌葉蘋婆（*Sterculia foetida*）

巨花魔芋（*Amorphophallus titanum*（Becc.））

臭菘（*Symplocarpus foetidus* (L.) Salisb. ex W.P.C. Barton）

大王花（*Rafflesia arnoldii* R. Br.）

金皮樹（*Dendrocnide moroides* (Wedd.) Chew.）

木蕁麻（*Urtica ferox* G. Forst.）

毒番石榴（*Hippomane mancinella* L.）

大豬草（*Heracleum mantegazzianum* Sommier & Levier）

紅絲薑花（*Hedychium gardnerianum* Sheppard ex Ker Gawl）

在亞速群島的聖米格爾島，紅絲薑花入侵月桂林的林下灌木叢

米氏野牡丹（*Miconia calvescens* DC.）

豚草（*Ambrosia artemisiifolia* L.）

日本柳杉（*Cryptomeria japonica* D. Don）的成樹（上）和花粉（下）

洞穴形狀、高齡三百歲的歐洲紅豆杉（*Taxus baccata* L.），
位於法國北方瓦茲省的哲布

歐洲紅豆杉（*Taxus baccata*）

漸狹葉菸草（*Nicotiana attenuata* Torr. ex S. Watson）

菸草天蛾（*Manduca sexta*）的幼蟲是菸草的天敵之一

古柯樹（*Erythroxylum coca*）

馬錢子（*Strychnos nux-vomica* L.）

大麻（*Cannabis sativa* L.）

曼陀羅（*Datura stramonium* L.）

辣椒（*Capsicum annuum* L.）

# 致謝

　　我希望藉此機會，熱誠地感謝學者專家的親切善意，也感謝他們閱讀此書花費的時間，以及他們提供的明智建議：藥學家柯蕾特·凱勒和尚－皮耶·佐拉使古柯樹不再充滿祕密；洛林大學醫學系教授、過敏病學家古賽爾·卡尼針對搔弄人類鼻子的物種提供寶貴意見；洛林大學藥學系副教授、藥用植物專家瑪莉－寶蘿·赫森法茲；國立自然史博物館教授、外來入侵物種重量級專家賽吉·穆勒；以及熟悉臭菘的植物學家奧赫利安·布爾。

　　同時也感謝賽巴斯蒂安·安托萬。他是啟人省思且忠實的審定植物學者，也是位嚴謹的校訂人員。

　　我也要深切感謝德赫祖和達特赫斯這兩隻長著尖牙和獠

爪的生物，幸好他們沒有咀嚼太多有毒植物。

　　我還要大大感謝杜諾出版社的安‧蓬鵬，感謝她惡狠狠的信賴，以及惡趣味滿滿的標題命名！

　　最後，感謝這些偶爾難登大雅之堂的植物，感謝它們為人類生活增添不少滋味。

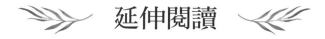

延伸閱讀

◇ 專書 ◇

Albouy V. *Étonnants envahisseurs. Ces espèces venues d'ailleurs.* Quae, 2017.

Bourdu R. *L'if.* Actes Sud, 1999.

Dauncey E. Larsson S., *Les plantes qui tuent : Les végétaux les plus toxiques du monde et leurs stratégies de défense*, Ulmer, 2019.

Delaveau P. *Plantes agressives et poisons végétaux.* Horizons de France, 1974.

Faux F. *Coca ! Une enquête dans les Andes.* Actes Sud, 2015.

Hallé F. (dir.). *Aux origines des plantes.* Fayard, 2008.

Mendes Ferrão J. E. *Le voyage des plantes et les grandes découvertes.* Michel Chandeigne, 2015.

Muller S. *Plantes invasives en France.* Muséum national d'Histoire naturelle, 2004.

Schall S. *Chanvre et cannabis.* Plume de carotte, 2012.

Stewart A. *Wicked plants. The weed that killed Lincoln's mother and other botanicalatrocities.* Alonquin books, 2009.

Thinard F. *Le grand business des plantes.* Plume de carotte. 2015.

Williams C. *Medicinal Plants in Australia Volume 3 : Plants, Potions and Poisons.* Rosenberg Publishing, 2012.

◇ 專文 ◇

Gibernau M, Quilichini A. « La pollinisation des Aracées » : https://www.jardinsdefrance.org/la-pollinisation-des-araceesdes-histoires-damour/

Hurley M. « The worst kind of pain you can imagine'–what it's like to be stung by a stinging tree » : http://theconversation.com/the-worst-kind-of-pain-you-can-imagine-what-its-like-tobe-stung-by-a-stinging-tree-103220

Roux J.-C. « La culture de la coca, une plante andine d'usage millénaire ». In : Mollard É. (Ed), Walter A. (Ed). *Agricultures singulières*. Paris : IRD, 305-310. 2008.

註釋

◇ **自序** ◇

1　編註〉天仙子（*Hyoscyamus* sp.）為茄科植物，本屬大約
　　有 20 餘種，大部分物種具有毒性，其中含有東莨菪鹼
　　（scopolamine）、天仙子胺（hyoscyamine）等毒性物質。

2　編註〉繖形科的大型草本植物，原生於高加索一帶，廣泛入
　　侵於歐洲及北美。網路上多半用「大豕草」，俗名用「大
　　豬草」較為正確。

3　編註〉類萜（terpenoids）是天然的有機化合物，常存在植物
　　樹脂和精油中。

4　編註〉毒水芹（*Oenanthe crocata* L.），繖形科植物，原生於
　　歐洲。

◇ **第一章** ◇

1　https://qi.epfl.ch/question/show/204/

2　譯註　法文片語 mêle-toi de tes oignons 是「少管閒事」的意
　　思。為了方便理解，此處譯為「管好你自己的洋蔥就好」。

3　Arens A., Ben-Youssef L., Hayashi S., Smollin C., « Esophageal
　　Rupture After Ghost Pepper Ingestion », *J Emerg Med.,* 2016
　　Dec;51(6):e141-e143.

　　以及 https://actualite.housseniawriting.com/hoax/2016/11/19/

hoax-un-piment-rouge-peut-trouer-votre-oesophage/19297/

4   Boddhula S. K., Boddhula S., Gunasekaran K., *et al.*, « An unusual cause of thunderclap headache after eating the hottest pepper in the world – "The Carolina Reaper" », *Case Reports,* 2018;2018:bcr-2017-224085.

5   Han Y., Li B., Yin T.-T., Xu C., Ombati R., Luo L., *et al.*, « Molecular mechanism of the tree shrew's insensitivity to spiciness », *PLoS Biol,* 2018, 16(7):e2004921.

6   Chopan M., Littenberg B., « The association of hot red chili pepper consumption and mortality: A large population-based cohort study », *PLoS One.* 2017; 12(1):e0169876.

7   Lv J., Qi L., Yu C., Yang L., Guo Y., Chen Y. *et al.*, « Consumption of spicy foods and total and cause specific mortality: population based cohort study »; *BMJ* 2015; 351:h3942.

8   https://www.revmed.ch/RMS/2008/RMS-162/Prise-encharge-medicamenteuse-de-la-douleur-neuropathiquequelle-place-pour-les-traitements-topiques

https://www.pharmasante.org/autres-cremes-anesthesiantes/

Van Rijswijk J. B., Boeke E. L., Keizer J. M., Mulder P. G., Blom H. M., Fokkens W. J., « Intranasal capsaicin reduces nasal hyperreactivity in idiopathic rhinitis: a double-blind randomized application regimen study », *Allergy.* 2003 Aug;58(8):754-61.

以及更近期的研究：

https://www.cochrane.org/fr/CD004460/capsaicine-pourla-rhinite-allergique

Fokkens W., Hellings P., Segboer C., « Capsaicin forRhinitis », *Curr Allergy Asthma Rep.*, 2016;16(8):60.

◇ 第二章 ◇

1　New Zealand Plant Conservation Network : http://www.nzpcn.
org.nz/flora_details.aspx?ID=1354

2　https://www.stuff.co.nz/science/83197300/painful-nativeplant-
may-hold-pain-relief-key

3　譯註 臺灣也有一種火麻樹屬的植物，即為咬人狗
（*Dendrocnide meyeniana* [Walp.] Chew）。

4　*Medicinal Plants in Australia Volume 3: Plants, Potions and
Poisons.* P. 45.

5　譯註 澳洲原住民 Gubi Gubi 族人稱之為「gympie-
gympie」。

6　Hurley, M., « The worst kind of pain you can imagine' – what
it's like to be stung by a stinging tree », *The Conversation,* 2018.
https://theconversation.com/the-worst-kind-of-pain-you-can-
imagine-what-its-like to be stung-by-a-stinging-tree-103220

7　https://www.australiangeographic.com.au/topics/
scienceenvironment/2009/06/gympie-gympie-once-stung-
neverforgotten/

　　*Medicinal Plants in Australia Volume 3: Plants, Potions and
Poisons.* P. 45.

8　Schmitt C., Parola P., de Haro, L. *et al.*, « Painful Sting After
Exposure to Dendrocnide sp: Two Case Reports », *Wilderness &
Environmental Medicine,* Volume 24, Issue 4, 471–473. https://
www.wemjournal.org/article/S1080-6032(13)00088-4/pdf

9　https://www.wemjournal.org/article/S1080-6032(13)00088-4/
fulltext

10　編註 Moroidin 是從金皮樹的種尾名 moroides 來的，其

mor- 為 *Morus*（桑屬植物），拉丁文後綴 -oides 指「像⋯⋯
的」，是因為金皮樹的果序很像桑樹的果序而取之。

11 Eloffe, A. *L'ortie : ses propriétés alimentaires, médicales, agricoles et industrielles,* Ch. Albessard et Bérard, 1862.

12 譯註 法國東南部多菲內地區的傳統料理。

13 Hugo V., *Les Contemplations,* Autrefois, Livre troisième, XXVII, 1856.

14 Gonzalo Fernandez de Oviedo y Valdes. *Natural history of the West Indies.* Chapal Hill, University of North Carolina Press. 1959.

15 Oexmelin, A-O. *Histoire des aventuriers flibustiers.* Frontignières. Chez Benoit et Jopesh Duplain, Père et Fils. 1774.

16 Strickland NH. « Eating a manchineel "beach apple" », *BMJ* 2000;321(7258):428.

17 *Nouveau dictionnaire d'histoire naturelle appliquée aux arts, à l'agriculture, à l'économie rurale et domestique, à la médecine, etc. 19 ;* Volume 7 ; Deterville, 1818.

18 Darwin, E. *Les amours des plantes.* 1789.

19 譯註 小説主角是名奧地利王子，SAS 是「殿下」（Son Altesse Sérénissime）的縮寫，SAS 為該系列小説的系列名。

◇ 第三章 ◇

1 https://www.independent.co.uk/news/world/americas/giant-hogweed-burns-virginia-alex-childress-poisonous-effects-toxic-plant-a8450226.html

2　編註〉稈蠅科的小型昆蟲。Mero- 意為具有斑點、斑紋的意思，拉丁文直譯可翻為「雙型斑點稈蠅」。

3　100 個擠身全球最作惡多端物種之列的入侵物種。全球入侵物種資料庫節選：http://www.issg.org/pdf/publications/worst_100/french_100_worst.pdf

◇ 第四章 ◇

1　譯註 法國第三大城里昂所在地，如計算都會區，里昂都會區已超越馬賽都會區，成為第二大都會區。隆河－阿爾卑斯大區已經在 2016 年與奧弗涅大區合併為奧弗涅－隆河－阿爾卑斯大區。

2　http://wd043.lerelaisinternet.com/pdf/Impact_sanitaire_ambroisie_ARA_2017.pdf

3　https://www.legifrance.gouv.fr/affichTexte.do?cidTexte=JORFTEXT000034503018&categorieLien=id

4　Lake, Iain, « Climate Change and Future Pollen Allergy in Europe », *Environmental Health Perspectives.* 125. 10.1289/EHP173. 2016.

5　譯註 法文工作（boulot）和樺樹（bouleau）同音。

6　https://www.eaaci.org/documents/EAACI_Advocacy_Manifesto.pdf

7　https://www.bfmtv.com/sante/enquete-paris-et-les-grandesvilles-cauchemar-pour-les-allergiques-au-pollen-1180676.html

8　Fukuda K. *et al.*, « Prevention of allergic conjunctivitis in mice by a rice-based edible vaccine containing modified Japanese cedar pollen allergens. », *Br J Ophthalmol.*, 2015 May;99(5):705-9. https://japantoday.com/category/features/health/geneticallyaltered-rice-could-solve-japans-pollen-allergy-problem

9 https://www.pasteur.fr/fr/espace-presse/documents-presse/allergies-reactivite-croisee-entre-pollen-cypres-pechesagrumesenfin-expliquee

10 https://link.springer.com/article/10.1007/s10453-006-9023-1

11 Song J.-K. *et al.*, « Climate Change Influences the Japanese Cedar (Cryptomeria japonica) Pollen Count and Sensitization Rate in South Korea », *bioRxiv* 340398. 2018.

Grégori M. *et al.*, « Pollin'air : un réseau de citoyens au service des personnes allergiques », *Revue Française d'Allergologie,* Volume 59, Issue 8, December 2019, Pages 533-542.

12 http://www.pollinair.fr/

◇ 第五章 ◇

1 https://www.who.int/fr/news-room/fact-sheets/detail/tobacco

2 Barbier C., *Histoire du tabac. Ses persécutions,* 1861.

3 Kauffeisen L. Le premier empoisonnement criminel par la nicotine. In : *Revue d'histoire de la pharmacie,* 20e année, n° 80, 1932. pp. 161-169.

4 Furer, Victoria et al. "Nicotiana glauca (tree tobacco) intoxication--two cases in one family." *Journal of medical toxicology: official journal of the American College of Medical Toxicology* vol. 7,1 (2011) : 47-51.

5 https://www.maxisciences.com/enfant/des-milliers-d-enfantsouvriers-des-plantations-de-tabac-empoisonnes-a-la-nicotine_art3360.html

6 譯註 電影《醉後大丈夫》在法國上映時，標題為「*very bad trip*」。

7 Dillehay, T., Rossen, J., Ugent, D., Karathanasis, A., Vásquez, V., & Netherly, P. (2010). *Early Holocene coca chewing in northern Peru. Antiquity,* 84(326), 939-953. doi:10.1017/S0003598X00067004

8 Coblence Françoise, « Freud et la cocaïne », *Revue française de psychanalyse,* 2002/2 (Vol. 66), p. 371-383.

9 https://www.theguardian.com/society/2018/sep/01/socialdrinking-moderation-health-risks

10 Liu, Li ; Wang, Jiajing ; Rosenberg, Danny ; Zhao, Hao ; Lengyel, György ; Nadel, Dani. Fermented beverage and food storage in 13,000 y-old stone mortars at Raqefet Cave, Israel: Investigating Natufian ritual feasting. *Journal of Archaeological Science: Reports.* Vol 21 ; 2018/10/01

11 Wiens, Frank *et al.* "Chronic intake of fermented floral nectar by wild treeshrews." *Proceedings of the National Academy of Sciences of the United States of America* vol. 105,30 (2008) : 10426-31.

12 法國幾乎都使用糖用甜菜來製作白糖，使得安地列斯群島開始將甘蔗用於釀造蘭姆酒。不過，全世界大多的糖都以甘蔗製作（大約80%）。此外，甘蔗也可用於製作法國常見的甘蔗糖，以及生質酒精等等。

13 譯註 這裡作者使用法國俗語「kif-kif bourricot」。

14 Ethan B. *et al.*, « Phytochemical and genetic analyses of ancient cannabis from Central Asia », *Journal of Experimental Botany,* Volume 59, Issue 15, November 2008, Pages 4171–4182.

15 Jiang H., Wang L., Merlin M. D. *et al.*, « Ancient Cannabis Burial Shroud in a Central Eurasian Cemetery », *Econ Bot* 70 213–221 (2016).

16 https://siberiantimes.com/science/casestudy/features/iconic-2500-year-old-siberian-princess-died-from-breastcancer-reveals-

unique-mri-scan/

17 http://atilf.atilf.fr/

18 https://www.neonmag.fr/top-4-des-animaux-drogues-par-la-science-519004.html

19 Brunault P., *Consommer du cannabis à l'adolescence augmente le risque de schizophrénie 15 ans plus tard,* The conversation. 2018.

20 https://theconversation.com/le-cannabis-rend-il-nos-souvenirs-plus-flous-70979

21 Gobbi G, Atkin T, Zytynski T, et al. Association of Cannabis Use in Adolescence and Risk of Depression, Anxiety, and Suicidality in Young Adulthood: A Systematic Review and Meta-analysis. *JAMA Psychiatry.* Published online February 13, 201976(4) : 426–434. 或者：https://www.ledevoir.com/societe/sante/547753/le-cannabis-a-l-origine-de-ladepression-de-jeunes-adultes.

22 https://theconversation.com/bienfaits-et-risques-du-cannabis-ce-que-dit-la-science-71184

23 Crowe *et al.*, Combined inhibition of monoacylglycerol lipase and cyclooxygenases synergistically reduces neuropathic pain in mice, *Br. J. Pharmacol.,* 2015 Apr ; 172(7) : 1700-12. 或者：https://www.lepoint.fr/sante/consommation-de-cannabis-ceque-dit-la-science-15-01-2017-2097298_40.php.

24 Devinsky O., Cross J. H., Wright S., « Trial of Cannabidiol for Drug-Resistant Seizures in the Dravet Syndrome », N Engl J Med., 2017 Aug 17;377(7):699-700.

https://www.sciencesetavenir.fr/sante-maladie/epilepsie-uncomposant-du-cannabis-reduit-les-crises_113269

◇ 第六章 ◇

1 譯註 她是法國傳奇歌手 Serge Gainsbourg 的女兒,為了避
  免只寫姓氏時與父親搞混,此處標示全名。

2 譯註 這首歌的歌詞都在以形容詞描述紅豆杉。

3 譯註 裸子植物。

4 紅豆杉的胚珠會變為由肉質假種皮(由珠托發育而來)包
  覆的種子。假種皮和漿果有些相像,因而稱為「假果」(又
  稱「附果」)。荔枝果實可食用的部份便是假種皮。

5 國際自然保護聯盟(UICN)致力保護大自然。近 50 年來,
  該組織評估全世界植物與動物的保存情況,並出版瀕危物
  種紅色名錄,匯集評估物種絕種風險所需最完整、最詳細
  的資訊,並仔細說明防範物種滅絕之道。

6 Yew (Taxus baccata L.) regeneration is facilitated by
  fleshyfruited shrubs in Mediterranean environments. D. Garcia
  ; R. Zamora ; J. A. Hodar ; J. M. Gomez ; *J. Castro. Biological
  Conservation* 95 (2000) 31 ⊥ 38

7 Wani M. C. *et al.*, « Plant antitumor agents. VI. The isolation
  and structure of TAXOL®, a novel antileufemic and antitumor
  agent from Taxus brevifolia », J *Am. Chem. Soc.* 1971;93:2325-
  2327.

8 細胞中的纖維網絡,是細胞架構及運作機制等特性的構成
  原因之一。

9 組成細胞骨架的纖維。

10 Pierre P., Da Silva J. et Meijer L., « Recherche de substances
   naturelles à activité thérapeutique – Pierre Potier (1934-2006) »,
   Med Sci (Paris), 28 5 (2012) 534-542.

11 Ajikumar P. K. *et al.*, « Isoprenoid Pathway Optimization for
   Taxol Precursor Overproduction in Escherichia coli », Science.

2010 Oct 1;330(6000):70-4. 麻省理工學院新聞稿：http://news.mit.edu/2010/cancer-drug-taxol

12 Pouchet F.-A., *Traité élémentaire de botanique appliquée : contenant la description de toutes les familles végétales, et celle des genres cultivés ou offrant des plantes remarquables par leurs propriétés ou leur histoire.* Volume 2. 1836.

13 Marc, B. *et al.*, « Intoxications aiguës à Datura stramonium aux urgences », *La Presse Médicale* Vol 36, N° 10-C1 - octobre 2007.

14 https://www.huffpostmaghreb.com/entry/koukhra-daturadrogue_mg_14634984

15 譯註 原文「s'envoyer en l'air」字面意思是因性行為或吸毒而愉悅到升天。

16 Prado Patrick, « Le Jilgré (datura stramonium). Une plante hallucinogène, marqueur territorial en Bretagne morbihannaise », *Ethnologie française,* 2004/3 (Vol. 34), p. 453-461. URL : https://www.cairn.info/revue-ethnologiefrancaise-2004-3-page-453.htm

17 譯註 法文中馬錢子的果實有自己的名字（果實稱為 noix vomique，植物稱為 vomiquier），但中文沒有。

18 https://www.20minutes.fr/monde/211958-20080210-maire-empoisonne-chocolat-a-strychnine

19 Arzalier-Daret, S. & du Cheyron, D. « Intoxication par la strychnine en 2011 : une menace toujours présente ! » *Réanimation* (2011) 20: 446. https://www.srlf.org/wp-content/uploads/2015/11/1109-Reanimation-Vol20-N5-p446_451.pdf

20 https://www.vice.com/fr/article/wnvek5/steroides-et-strychnine-une-breve-histoire-du-dopage-dans-le-sport

◇ **跋** ◇

1　譯註 水丁香的學名 Ludwigia 和貝多芬的名字 Ludwig（路德維希）字根相同。

2　Olsen EO, O'Donnell J, Mattson CL, Schier JG, Wilson N. "Notes from the Field : Unintentional Drug Overdose Deaths with Kratom Detected　— 27 States, July 2016 – December 2017". *MMWR Morb Mortal Wkly Rep* 2019 ; 68:326–327.

3　Aristolochic acids and their derivatives are widely implicated in liver cancers in Taiwan and throughout Asia – Alvin W. T. Ng *et al.* – Science Translational Medicine 18 Oct 2017 : Vol. 9, Issue 412

4　https://www.vice.com/en/article/mbwdja/climate-change-might-deliver-a-serious-blow-to-cocaine-production

5　Alain Dutartre, Yves Suffran. *Changement climatique et invasions biologiques. Impact sur les écosystèmes aquatiques, risques pour les communautés et moyens de gestion.* Janvier 2011. http://www.especes-exotiques-envahissantes.fr/wp-content/uploads/2013/01/110211_ONEMA_CEMAGREF_ACTION_6_CHANGEMENT_CLIMATIQUE.pdf

6　https://theconversation.com/les-plantes-pesticides-au-secours-des-cultures-86898

科學人文 88

惡棍植物：關於刺痛、燃燒、致死植物的驚人故事

MAUVAISES GRAINES
La surprenante histoire des plantes qui piquent, qui brûlent et qui tuent !

作　　者	卡蒂亞·阿斯塔菲耶夫
譯　　者	林承賢
主　　編	王育涵
責任企畫	張傑凱
封面設計	黃馨儀
內頁排版	黃馨儀
總 編 輯	胡金倫
董 事 長	趙政岷
出 版 者	時報文化出版企業股份有限公司
	108019 臺北市和平西路三段 240 號 7 樓
	發行專線｜ 02-2306-6842
	讀者服務專線｜ 0800-231-705 ｜ 02-2304-7103
	讀者服務傳真｜ 02-2302-7844
	郵撥｜ 1934-4724 時報文化出版公司
	信箱｜ 10899 台北華江橋郵局第 99 信箱
時報悅讀網	www.readingtimes.com.tw
電子郵件信箱	ctliving@readingtimes.com.tw
人文科學線臉書	http://www.facebook.com/humanities.science
法 律 顧 問	理律法律事務所｜陳長文律師、李念祖律師
印　　刷	勁達印刷有限公司
初 版 一 刷	2023 年 6 月 16 日
定　　價	新臺幣 380 元

時報文化出版公司成立於一九七五年，並於一九九九年股票上櫃公開發行，於二〇〇八年脫離中時集團非屬旺中，以「尊重智慧與創意的文化事業」為信念。

MAUVAISES GRAINES. La surprenante histoire des plantes qui piquent, qui brûlent et qui tuent ! by Katia ASTAFIEFF
Copyright © Dunod 2021, Malakoff
Traditional Chinese language translation rights arranged through The PaiSha Agency, Taiwan.
Complex Chinese edition copyright © 2023 by China Times Publishing Company
All rights reserved.

ISBN 978-626-353-908-2 ｜ Printed in Taiwan

惡棍植物／卡蒂亞·阿斯塔菲耶夫著 .-- 初版 . -- 臺北市：時報文化出版企業股份有限
公司 , 2023.06 ｜ 224 面；14.8×21 公分 . -- （科學人文；088）
ISBN 978-626-353-908-2（平裝）
1.CST：有毒植物 ｜ 376.22 ｜ 112007939